JN327259

新・生命科学シリーズ
動物行動の分子生物学

久保健雄・奥山輝大・上川内あづさ・竹内秀明／共著

太田次郎・赤坂甲治・浅島　誠・長田敏行／編集

裳華房

Molecular Biology of the Animal Behavior

by

TAKEO KUBO
TERUHIRO OKUYAMA
AZUSA KAMIKOUCHI
HIDEAKI TAKEUCHI

SHOKABO
TOKYO

「新・生命科学シリーズ」刊行趣旨

　本シリーズは，目覚しい勢いで進歩している生命科学を，幅広い読者を対象に平易に解説することを目的として刊行する．

　現代社会では，生命科学は，理学・医学・薬学のみならず，工学・農学・産業技術分野など，さまざまな領域で重要な位置を占めている．また，生命倫理・環境保全の観点からも生命科学の基礎知識は不可欠である．しかし，奔流のように押し寄せる生命科学の膨大な情報のすべてを理解することは，研究者にとっても，ほとんど不可能である．

　本シリーズの各巻は，幅広い生命科学を，従来の枠組みにとらわれず，新しい視点で切り取り，基礎から解説している．内容にストーリー性をもたせ，生命科学全体の中の位置づけを明確に示し，さらには，最先端の研究への道筋を照らし出し，将来の展望を提供することを目標としている．本シリーズの各巻はそれぞれまとまっているが，単に独立しているのではなく，互いに有機的なネットワークを形成し，全体として生命科学全集を構成するように企画されている．本シリーズは，探究心旺盛な初学者および進路を模索する若い研究者や他分野の研究者にとって有益な道標となると思われる．

新・生命科学シリーズ
編集委員会

はじめに

　赤坂甲治先生（東京大学大学院理学系研究科教授）と裳華房の野田昌宏さんから，「新・生命科学シリーズ」で，「動物行動の分子生物学」というタイトルで一冊分担当して貰えないだろうか，との打診をいただいたのは，2011年11月のことであった．筆者（久保健雄）も，「新・生命科学シリーズ」の前身が，太田次郎先生を初めとする錚々たるメンバーからなる編集委員会が発刊された，名門の「生命科学シリーズ」であることは知っていたし，私でもお役に立つのであればお引き受けしようと考えたが，すぐに浅学な筆者では単著での執筆は到底無理であることに思い至った．そこで，数名の著者で分担執筆する案を赤坂先生と野田さんに申し出たところ，幸いご了承いただけた．筆者の研究室には現在，メダカの社会性行動の分子遺伝学を研究テーマとしている竹内秀明博士（東京大学助教）が在籍され，研究室の卒業生には，現在，ショウジョウバエの行動遺伝学を研究テーマとしている上川内あづさ博士（名古屋大学教授）がおられたため，上川内博士には線虫とご専門のショウジョウバエ，竹内博士にはご専門の小型魚類の行動分子遺伝学に関する章の執筆をお願いすることとした．また，研究室の竹内グループでメダカの行動遺伝学に関する研究で学位を取り，現在は米国マサチューセッツ工科大学の利根川　進教授の研究室で博士後研究員を務めている奥山輝大博士が，利根川先生の研究室で汎用されている光遺伝学（オプトジェネティクス）に関する章を執筆して下さるとのことで，これに私の専門の，ミツバチの社会性行動に関する章を加えて4人で分担執筆することとした．

　4名の執筆スタイルはやや異なるが，いずれの章でも，それぞれの動物に固有な行動特性や脳のしくみに基づいた，研究対象の特徴や魅力を活かした研究成果を優先的にご紹介いただいた．竹内・上川内・奥山博士は研究熱心なばかりでなく勉強家でもあったため，すでにご自身がお持ちの経験・知識に加えて，多くの文献を調べて執筆していただけた．しかしそれでもなお，

現代の，動物行動の分子生物学・分子遺伝学の広範な分野をカバーすることは難しく，たとえば本書では鳥の歌学習や刷り込みに関する知見や，ヒトの高次脳機能や疾患の分子・神経的基盤に関する知見は紹介できていない．これらについては優れた著書がすでに数多く出版されているので，それをご参照いただけると幸いである．また当初想定しなかったことだが，諸般の事情で各人の執筆期間に差ができてしまった．具体的には上川内博士の執筆期間は 2011 年 11 月～2012 年 4 月（6 か月），竹内博士は 2011 年 11 月～2014 年 2 月（2 年と 4 か月），奥山博士は 2013 年 3 月～7 月（5 か月），筆者は 2011 年 11 月～2014 年 3 月（2 年と 5 か月）であり，このため，収録している研究成果の収集時期に 2 年程度のギャップが存在する．これは偏に筆者の能力不足のゆえであり，読者の皆様には深謝申し上げると共に，予めご了承下さるようお願い申し上げる次第である．

　なお，4 人の執筆者は脱稿の後，各自の分担の章の記述の正確さを期して，上川内博士は森 郁恵博士（名古屋大学教授），富岡征大博士（東京大学助教），竹内博士は川上浩一博士（国立遺伝学研究所教授），小田洋一博士（名古屋大学教授），東島眞一博士（岡崎統合バイオサイエンスセンター准教授），平田普三博士（国立遺伝学研究所准教授），亀井保博士（基礎生物学研究所特任准教授），渡辺英治博士（基礎生物学研究所准教授），吉原良浩博士（理化学研究所チームリーダー），岡本 仁博士（理化学研究所シニア・チームリーダー），成瀬 清博士（基礎生物学研究所准教授），島田敦子博士（東京大学助教），深町昌司博士（日本女子大学准教授），当研究室の大学院生の横井佐織さん，磯江泰子さん，坪子理美さん，元学部生の小長谷有美さん，筆者は尾崎まみこ博士（神戸大学教授，6 章コラム②の部分）に原稿を査読していただき，数多くの貴重なご意見・コメントをいただくことができた．また，上川内博士の担当の 3 章では上川内研究室の石元広志助教に筆者からご依頼申し上げて，ご自身が最近発見された新知見「モデル生物を用いたステロイドホルモンと記憶の分子生物学」に関するコラムをご執筆いただいた．本シリーズの編集委員である赤坂先生には，著者全員の原稿を査読していただき，学術的内容のみならず，読者への分かり易さにも配慮した数多くの貴重なコ

メントをいただいた．お陰で，かなりの部分で本書の学術的な正確さを裏付けしていただけたと感じている．ご協力下さった先生方の学術的貢献に対して著者を代表して，この場をお借りし，衷心よりの御礼を申し上げたい．筆者が担当した 6 章では，当研究室の元大学院生である塩田百合香博士，金子九美博士，山根篤大修士から，ご自身が学位論文のために作成したイラストを原図として，図版を作成させていただいた．この場をお借りして御礼を申し上げる．裳華房の野田さんには，一般向けの副読本の執筆は初めてであった 4 人の著者に対して常に適切かつ迅速なアドバイスと対応をしていただき，何よりも，執筆に時間がかかったことについて随分ご心配され，叱咤激励していただいた．心からの感謝を申し上げたい．

　最後に，本書を手に取られ，この前書きを読んで下さった皆様，ご購入下さった読者の皆様に衷心からの御礼を申し上げたい．本書が皆様の，この分野の最近の進展に関する理解を深めるために少しでも役立つことを，心から願っている．

2014 年 6 月

著者を代表して
久 保 健 雄

目 次

■ 1 章　多彩な動物行動と，遺伝子レベルの研究　　1
1.1　問題はどこに　　1
1.2　動物行動学の開祖　　2
1.3　本書の目的と構成　　3

■ 2 章　線虫の行動分子遺伝学　　6
2.1　モデル生物としての特徴　　6
2.2　線虫の感覚系　　8
2.3　線虫の神経系　　11
2.4　線虫が示すさまざまな行動　　11
2.5　化学物質に対する応答　　13
2.6　化学走性における順応　　16
2.7　化学走性における記憶と学習　　17
2.8　接触に対する応答　　19
2.9　侵害刺激に対する応答　　20
2.10　温度に対する応答　　21
2.11　温度記憶を担う神経機構　　23
2.12　光や電気に対する応答　　24
2.13　線虫の社会性　　25
2.14　雄の線虫が示す配偶行動　　27

■ 3 章　ショウジョウバエの行動分子遺伝学　　31
3.1　モデル生物としての特徴　　31
3.2　行動遺伝学のモデル生物としてのショウジョウバエ　　34
3.3　ショウジョウバエの感覚系　　37
3.4　ショウジョウバエの脳　　39

3.5　化学受容の分子機構　40
3.6　TRPチャネルの多様な機能　42
3.7　非連合学習　46
3.8　匂いの連合学習と記憶　48
3.9　配偶行動を制御する分子機構　50
3.10　二酸化炭素に対する逃避行動の制御　52
3.11　概日リズム　53
3.12　ショウジョウバエの睡眠と覚醒　56

■ 4章　小型魚類（ゼブラフィッシュとメダカ）の行動分子遺伝学　65

4.1　モデル生物としての特徴・歴史　66
　4.1.1　ゼブラフィッシュ　66
　4.1.2　メダカ　70
4.2　行動遺伝学のモデル生物としての小型魚類　70
　4.2.1　ゼブラフィッシュ　70
　4.2.2　メダカ　71
4.3　ゼブラフィッシュ胚および稚魚の遊泳運動　74
　4.3.1　順遺伝学による遺伝子群の同定　74
　4.3.2　オプトジェネティクスによる遊泳運動を制御する神経細胞の同定　75
4.4　ゼブラフィッシュ稚魚の視覚行動　76
　4.4.1　順遺伝学による視覚行動に関わる遺伝子群の同定　76
　4.4.2　全脳活動地図の作成　78
4.5　ゼブラフィッシュ稚魚の聴覚行動　81
4.6　ゼブラフィッシュ成体を対象にした行動分子遺伝学　83
　4.6.1　学習行動　83
　4.6.2　嗅覚行動と情動行動　86
4.7　メダカの社会性行動　88
　4.7.1　魚類社会脳の分子基盤の解明　88
　4.7.2　個体識別を介した配偶者選択の神経基盤　89

4.7.3　脊椎動物の社会脳の基本神経回路は存在するか？　　　90

■5章　マウスの行動分子遺伝学
　　　－オプトジェネティクスによる神経科学の急展開－　　　93
　5.1　モデル動物としての特徴　　　93
　5.2　オプトジェネティクスの誕生　　　97
　5.3　オプトジェネティクスの発展　　　102
　5.4　記憶・学習行動への適用　　　106
　5.5　情動行動への適用　　　113
　5.6　精神疾患の神経基盤の解析へ　　　118
　5.7　オプトジェネティクス研究の今後の課題　　　122

■6章　社会性昆虫ミツバチの行動分子生物学　　　130
　6.1　ミツバチの生活史　　　130
　6.2　ダンスコミュニケーション　　　132
　6.3　ミツバチの脳とキノコ体　　　133
　6.4　哺乳類の脳機能局在論とミツバチでの研究戦略　　　137
　6.5　ミツバチの脳領野選択的に発現する遺伝子　　　138
　　6.5.1　カルシウム情報伝達系に関する遺伝子　　　138
　　6.5.2　エクダイソン制御系に関する遺伝子　　　140
　6.6　働きバチの分業を制御する内分泌系　　　143
　　6.6.1　働きバチの分業を制御する内分泌系：(1) 幼若ホルモン　　　143
　　6.6.2　働きバチの分業を制御する内分泌系：(2) エクダイステロイド　　　144
　6.7　視葉選択的に発現する遺伝子の検索と,「中間型」ケニヨン細胞の発見　146
　　6.7.1　大型ケニヨン細胞の一部と小型ケニヨン細胞に発現する *jhdk* と *trp*　146
　　6.7.2　視葉選択的に発現する遺伝子の検索と同定　　　147
　　6.7.3　*mKast* を選択的に発現する「中間型」ケニヨン細胞の発見　148
　6.8　初期応答遺伝子を用いたミツバチの脳領野の役割解析　　　149
　　6.8.1　ミツバチからの新規な初期応答遺伝子 *kakusei* の同定　　　149

6.8.2	初期応答遺伝子 *kakusei* を用いた採餌バチの脳の活動部位の同定	150
6.8.3	採餌バチでは小型と一部の中間型ケニヨン細胞の神経興奮が亢進する	151
6.9	ニホンミツバチの熱殺蜂球形成行動時に活動する脳領野	153
6.10	ミツバチ脳に発現する非翻訳性 RNA	155
6.11	他動物の行動制御にはたらく遺伝子のミツバチでの解析	157
6.11.1	働きバチの分業に関わる遺伝子 *for*	157
6.11.2	働きバチの分業と *period*	158
6.12	本章のまとめと展望	159
6.12.1	ハチ目昆虫に見る社会性の進化	159
6.12.2	ハチ目昆虫での遺伝子操作技術の開発の必要性	159
	参考文献・引用文献	164
	索　引	174

コラム 2 章	神経生理のモデル生物アメフラシ	28
コラム 3 章 ①	蛍光カルシウム指示タンパク質を用いた神経活動の解析法	58
コラム 3 章 ②	モデル生物を用いたステロイドホルモンと記憶の分子生物学	61
コラム 5 章 ①	脳の奥の奥の奥を視る	124
コラム 5 章 ②	雄と雌の"恋ごころ"はどこに？	127
コラム 6 章 ①	ミツバチは飛行距離をどのようにして計測するのか？	160
コラム 6 章 ②	アリの体表炭化水素を用いた巣仲間認識	161

1章 多彩な動物行動と，遺伝子レベルの研究

1.1 問題はどこに

　行動は文字通り，動物を特徴づける生物形質である．地球上に棲息する動物は，その形態と共に，行動様式も多様である．**動物行動**も適応形質の一つであるため，一般にはその動物のより効率的な**生存**と**繁殖**のために発現すると理解される．多くの動物は捕食者であると共に被食者でもあるので，食物（餌）を探し，獲得して自身の成長，エネルギー源として利用する一方で，自身を餌とする捕食者から逃れるために，逃避や威嚇，攻撃，逃走といった行動を示す．また配偶者を巡って同種の同性個体と競争したり，配偶者に求愛したりすることで，より優れた形質をもつ子を残そうとする．多くの動物で子を保護し，保育する行動が見られる．また，さまざまな動物が社会をもち，集団で行動することで，上記のような餌の獲得や捕食者からの逃避，子孫の保護や保育を効率的なものにしている．動物の行動様式は，その動物の形態や体制と密接に関連する．鳥類や魚類の行動が，その形態や体の機能に基づくことは誰しも容易に理解できるところである．

　動物行動は**生得的（本能）行動**と，学習のように**習得（後天）的**なものに分けることができる．ベッコウバチは親から教わらなくてもクモを狩り，麻酔をかけてそれを自身が掘った穴に入れ，麻酔がかかったクモの体に卵を産みつけて子の餌とする．こうした動物の生得的行動の多くは脳のはたらきにより生み出されると思われるが，そのしくみは未だ，まったくと言って良いほどわかっていない．習得的行動のうち，記憶・学習については，さまざまな動物でそのしくみが解析され，種間で保存された分子・神経的なしくみが解明されつつある．一方，ヒトをはじめとする霊長類が示す，より高度な脳のはたらき，たとえば予測や知能，創造，言語能力を生み出す脳のしくみやその進化についても，ほとんどわかっていない．

■ 1 章　多彩な動物行動と，遺伝子レベルの研究

1.2　動物行動学の開祖

　19世紀終わりに『ファーブル昆虫記』が出版されたように，動物の行動は以前から研究者の観察の対象になっていたが，動物行動学を学問として創設したのは（つまり，何が動物行動の問題かを指摘したのは），良く知られているように1973年にノーベル生理学・医学賞を受賞した，**ニコラース・ティンバーゲン**（Nikolaas Tinbergen），**コンラート・ローレンツ**（Konrad Lorenz），**カール・フォン・フリッシュ**（Karl von Frisch）である．

　ティンバーゲンはオランダの動物学者で，イトヨの縄張り行動の観察などから，「動物の，通常抑制されている生得的行動（＝本能行動）は，リリーサー（releaser）に含まれる鍵刺激によって引き起こされ（解発され），これの連鎖によって成立している」とする「**生得的解発機構**」を提唱した．繁殖期の雄のイトヨは，縄張りに入る他の雄を攻撃して追い払うが，このとき，他の雄の赤い腹部が攻撃行動を解発する鍵刺激になっていることを，モデルを使って実証した．下半分を赤く塗ったモデルをも，雄のイトヨは攻撃したのである．ティンバーゲンはまた，動物行動は次の4つの視点から研究されるべきとする「**4つのなぞ**」を提示している．それらは，「その行動はどのようなしくみで解発されるか」，「その行動は発育のどの段階で解発されるか」，「その行動は，その動物にとってどのような意味をもつか」，「その行動は系統発生的にどのように生じたか」というもので，先の2つを至近要因，後の2つを究極要因という．これらの4つのなぞは，それぞれ，**神経行動学，行動発生学，行動生態学，行動進化学**の枠組みに対応する．

　ローレンツはオーストリアの動物学者で，ティンバーゲンと協力して「生得的解発機構」の考え方を発展させた．ニシコクマルガラスやハイイロガンを研究対象とし，ハイイロガンの雛が孵化した直後に見た動くものを親と思い込んで追従する「刷り込み」現象の発見で名高い．著書に『**ソロモンの指環**』があるが，そのタイトルは古代イスラエル王国のソロモン王が，その指環をはめると動物と話せるようになるとの説話に基づいている．『ソロモンの指環』では，「（ありとあらゆる動物と語ることはできない点では）私はと

ても（指環をはめた）ソロモンにはかなわない．けれど私は，自分の良く知っている動物となら，魔法の指環などなくても話ができる．」と述べられている．

　フリッシュはドイツの動物学者で，ミツバチの感覚や行動を研究対象とし，ミツバチには，ヒトに見える 650〜800 nm の波長の赤色が見えない一方で，ヒトが見えない 300〜400 nm の波長の紫外線が見えること（黄色と紫外線を混合してできる，ミツバチに見える色を「**ミツバチ紫**」と呼んだ）や，仲間に「**尻振りダンス（8 の字ダンスともいう）**」を使って餌場の距離と方向を教えることを発見した．

　興味深いことに，こうした動物行動学の開祖たちが提案した研究課題には，先天的行動と，記憶・学習のような後天的に獲得される行動様式の両方が含まれている．動物行動の分子生物学は，最終的にはヒトの脳の高度なはたらき（予測や知能，創造，言語能力など）の分子・神経的基盤やその進化の理解をめざすのであろうが，まだまだ道のりは遠そうである．初期の遺伝子組換え技術は 1970 年代頃に成立し始めたが，動物行動の解析手段として用いられるようになったのは，1990 年代半ば頃である．ではこれらの動物行動の課題について，現在，分子レベルではどのような研究が進みつつあるのだろうか，あるいは今後どのような発展が期待されているのだろうか．

1.3　本書の目的と構成

　本書では動物の行動を生み出す脳や神経系のはたらきについて，とくにそこで働く分子（遺伝子や RNA，タンパク質）が調べられた研究成果に焦点を当てて解説する．その主な理由は以下の 3 つである．1 つ目は，動物の脳を構成する神経細胞は，しばしば脳の部域によって異なる性質をもち，この性質の違いを分子レベルで理解することが脳のしくみの理解のために重要と思われるためである．2 つ目は，現代の生物学では遺伝学が強力な解析手法としてよく使われるが，遺伝学的な解析は，動物行動を生み出す脳のはたらきについても要素論的（分子レベルでの）理解をもたらしてきたことである．3 つ目は，生物進化は遺伝子の構造やはたらきの変化によって生み出されるため，動物行動の分子レベルでの解析は種を越えて共通な，あるいは多様な

■1章 多彩な動物行動と，遺伝子レベルの研究

行動調節の理解につながると期待されるためである．

　上記の生得的解発機構が提唱された際には，階層性をもつ神経回路が探索されたが，その実体は杳（よう）としてわからなかった．しかし，近年では5章で詳説するように，**オプトジェネティクス（光遺伝学）**という，チャネルロドプシンなどの光活性化イオンチャネルを特定の神経細胞に発現させ，これらの神経細胞に光を照射することで人為的に活性化し，その結果，どのような行動が誘発されるかを調べる手法が急速に発展し，神経科学は長足の進歩を遂げつつある．このオプトジェネティクスは今後，生得的解発機構の存在を検証する上でも有効と期待される．この場合も，チャネルロドプシン遺伝子をある特定の神経細胞に選択的に（＝他の神経細胞より強く）発現する遺伝子やプロモーターが利用されるので，神経行動学分野における分子レベルの解析の意義は増している．

　本書の特色の一つは，動物の行動様式（たとえば繁殖行動など）に基づく章立てではなく，研究対象とする動物種による章立てを採用していることである．これは一つには，分子レベルの解析に遺伝学的手法が利用できるモデル生物が多用されるためである．もう一つは，それぞれの動物種が異なる構造の脳（中枢神経系）や感覚器，効果器をもち，行動が生み出されるしくみをより良く理解するためには，その動物の脳の構造やはたらきを知っておくことが重要と考えたためである．もちろん，現在では，たとえば記憶・学習の分子メカニズムは動物種を越えて良く保存されていることが知られており，将来的にはその他の行動様式についても，動物種を越えて共通な部分や多様な部分が見いだされると期待している．

　本書では，1章が序論であり，2章と3章では無脊椎動物の研究対象として，**線虫とショウジョウバエ**を取り上げ，ショウジョウバエの聴覚研究を専門とする，上川内あづさが執筆した．4章と5章では脊椎動物の研究対象として，小型魚類と哺乳類（マウス）を取り上げ，**小型魚類**の社会性行動を専門とする竹内秀明，小型魚類の社会性行動と**マウス**の記憶・学習研究を専門とする奥山輝大がそれぞれ執筆した．最後の6章では久保健雄が，非モデル生物ではあるが，**社会性昆虫**の中では最も分子生物学的解析が進んでいる**ミツバチ**

4

を対象として，その社会性行動を産み出す脳の分子・神経機構についての現在の知見を解説した．先の3人の先駆者たちが研究対象としたさまざまな動物の行動も，その一部については，現在では分子レベルの研究の俎上にあげられるようになった．本書では適宜，こうした事例も解説する．

（久保健雄）

2章 線虫の行動分子遺伝学

　線虫の一種である Caenorhabditis elegans（C. elegans）は単純な体制をもつ多細胞動物である．簡単に飼育できて，世代時間が約3日と短いこと，全ゲノムの塩基配列が明らかになっており，遺伝子破壊や遺伝子導入などを行うための手法が整備されていることから，遺伝学の材料として優れている．また，体を構成するすべての神経細胞がつくる神経回路の全構造が解明されており，その行動は外界環境や過去の経験によって可塑的に変化する．これらの利点により，線虫は，現代の行動分子生物学を支える重要なモデル生物としての地位を確立している．ここでは，動物の行動を神経レベル，分子レベルで理解するためのモデル生物である線虫を取り上げ，その実験動物としての特徴や実験手法，さらにはそれを利用して解明された，さまざまな行動の分子基盤を紹介する．なお，線虫とは線形動物門に属する動物の総称であるが，本章では C. elegans を「線虫」と表記する．

2.1　モデル生物としての特徴

　線虫 C. elegans のモデル生物としての歴史は1960年代に始まる．当時シドニー・ブレナー（Sydney Brenner）は，ファージや細菌などのモデル生物を用いた分子遺伝学の成功に倣い，取り扱いやすく，大量に培養可能で，遺伝学的手法が使えるという性質をもつ多細胞生物を探し，線虫をモデル生物とすることを提案した．その後，シドニー・ブレナーによる線虫の**遺伝学**の確立（1974年），ジョン・サルストン（John Sulston）による**細胞系譜**の完成（1983年），ジョン・ホワイト（John White）による**全神経回路網**の構造解明（1986年）が行われ，線虫がモデル生物として確立した．なお，C. elegans をモデル生物として確立し，器官発生とアポトーシスの遺伝制御に関する発見をした成果に対し，シドニー・ブレナーおよびロバート・ホロビッ

ツ（H. Robert Horvitz），ジョン・サルストンは 2002 年にノーベル生理学・医学賞を受賞している．さらに 1998 年には，線虫を使った研究から，二本鎖 RNA を細胞に導入すると，その配列をもつ遺伝子の発現が抑制される，という現象が発見された．この **RNA interference**（RNAi，RNA 干渉）と呼ばれる転写後遺伝子サイレンシング機構は，現在では酵母からヒトに至るまで多くの生物種で保存されていることがわかっている．RNAi を発見した功績により，アンドリュー・ファイアー（Andrew Z. Fire）とクレイグ・メロー（Craig C. Mello）は 2006 年にノーベル生理学・医学賞を受賞した．

　では，線虫はどのような特徴をもつ生物なのだろうか．世代時間は 20℃ で約 3 日ととても短い線虫であるが（図 2.1），ヒトを含めた脊椎動物と同じ **後生動物** である．その体長は約 1 ミリメートルと小さく，手も足もない単純な体制をしている．**雌雄同体**（hermaphrodite）の個体と雄個体がいるが，通常はほとんどが雌雄同体である．線虫のゲノムはすべて解読されており，およそ 19,000 個の遺伝子があると推測されている．雌雄同体の線虫は 959 個の体細胞から構成されており，そのうち 302 個が神経細胞である．これらの細胞はほぼ無色透明であるため，すべて生きたまま顕微鏡下で観察，同定できる．そのため発生過程に渡って細胞の様子を観察することが可能であり，受精から成虫に至る発生段階のすべての細胞系譜が解明されている．すべての神経細胞に名前がついており，2 万枚にわたる電子顕微鏡の連続切片写真から，これら 302 個の神経細胞が構成する全神経回路網が解明されている．また，約 5000 個の **化学シナプス** や約 600 個の **ギャップ結合**，約 2000 個の **神経筋接合部** の数や位置が個体間でよく保存されている．さらに，神経細胞の機能を解析する方法として，(1) 特定の神経細胞だけをレーザー照射により直接破壊する，(2) 遺伝学的手法を利用してカルシウム指示タンパク質を特定の細胞に発現させることで神経細胞の応答特性を調べる（3 章コラム参照），(3) チャネルロドプシンを発現させて神経活動を誘起する，などの実験手法が整備されている．そのため線虫は，**神経回路研究** のモデル生物としてよく利用されている．

■2章　線虫の行動分子遺伝学

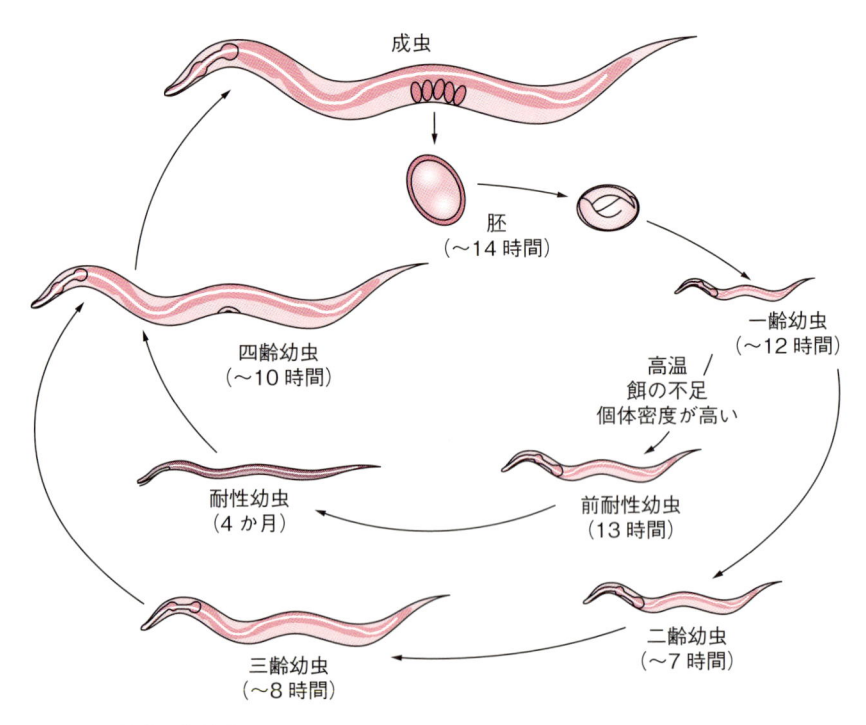

図2.1　線虫の生活環
卵として産み落とされた胚は，産卵後およそ14時間でふ化して一齢幼虫となる．さらに脱皮をくり返し，成虫へと成長する．餌が不足したり個体密度が高いなどの環境悪化が起こると，一齢幼虫は発生プログラムを切り替えて耐性幼虫となる．耐性幼虫は餌のない状態で数か月もの間，生き延びることができる．環境が改善すると，耐性幼虫は再び発生を開始し，成虫へと成長する（Jorgensen & Mango, 2002 を改変）．

2.2　線虫の感覚系

　ヒトを含めた哺乳類と同様に，線虫も**感覚器**を使って外界の環境を知覚している．たとえば**化学感覚神経**を使って，線虫は食べ物の探索，有害化学物質の忌避や配偶を行う．また，**機械感覚神経**を利用することで接触を感知して逃避したり，温度勾配上で目的の温度に向かうことができる．線虫の主要な感覚器は，頭部に左右一対ある**アンフィド**（amphid）と呼ばれる器官である．その他，尾部にある**ファスミド**（phasmid）と呼ばれる感覚器や，咽

頭（pharynx），体表などに散在する感覚神経が知られる．

アンフィド感覚器は 12 種類 24 個の感覚神経をもつ（図 2.2 ①）．これらの感覚神経の繊毛は外部に露出しており，さまざまな外部刺激を受容する．レーザーを用いた細胞破壊実験から，これら左右一対の感覚神経はそれぞれ，嗅覚（AWA, AWB, AWC）や味覚（ADF, ASE, ASG, ASI, ASJ, ASK）といった**化学感覚**や，温度感覚（AFD）や侵害刺激（ASH, ADL）といった**機械感覚**を担うことが明らかになった．このうち，ASE 味覚神経と AWC 嗅覚神経は左右で遺伝子発現様式が異なり，それぞれ異なる組合せの化学物質を受容することが知られている（図 2.2 ②）．ASE 味覚神経は，構造的には左右対称な ASER 神経と ASEL 神経からなる．これら左右の神経はそれぞれ異なる組合せのグアニル酸シクラーゼ（GCY）を発現しており，ASEL は主に Na^+，Li^+，Mg^{2+} などの陽イオンを，ASER は主に Cl^-，Br^-，I^- などの陰イオンを受容する．AWC 神経も，構造的には左右対称な AWCR 神経と AWCL 神経からなる．しかし，**G タンパク質共役受容体**（G protein-coupled receptor, **GPCR**）である STR-2 は，左右のどちらかの AWC 神経のみで発現する．どちらの AWC 神経で発現するかはランダムに決定される．STR-2 を発現する神経は AWC^{ON} 神経と呼ばれ，低濃度のブタノンに応答性を示す．一方，STR-2 を発現しない神経は AWC^{OFF} 神経と呼ばれている．こちらは，低濃度のブタノンには応答せず，2,3-ペンタンジオンに応答性を示す．なお，ベンズアルデヒドやイソアミルアルコールは両方の AWC 神経により受容される．

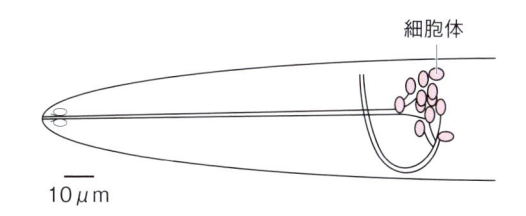

図 2.2 ①　アンフィド感覚器の全体構造
左右対称のアンフィドはそれぞれ 12 種類の感覚神経をもつ（Roayaie *et al.*, 1998 を改変）．

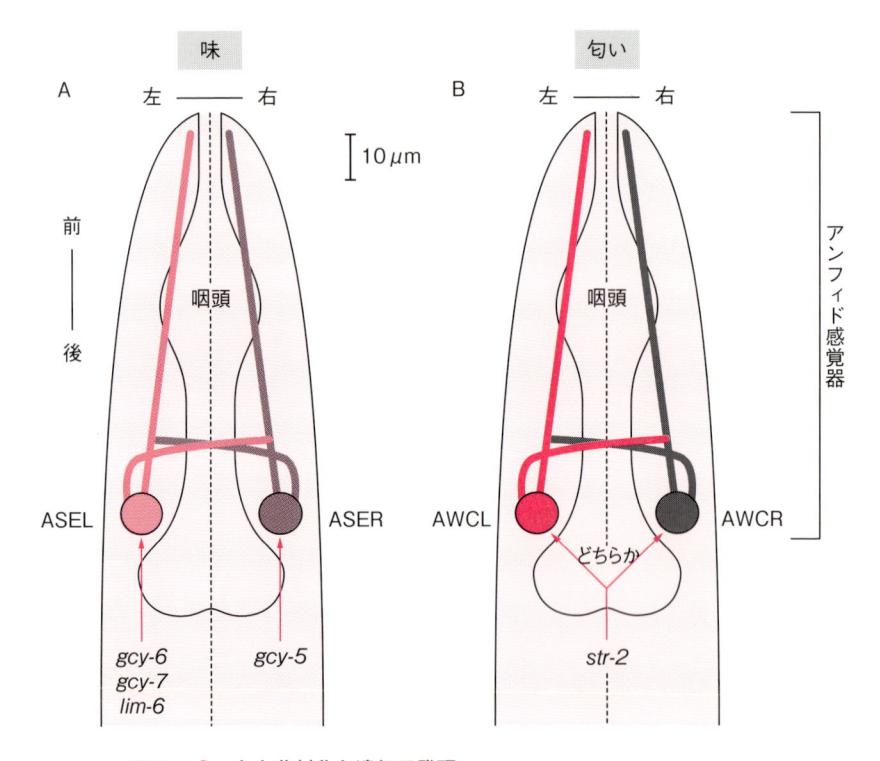

図 2.2 ②　左右非対称な遺伝子発現
（A）主要な味覚神経である ASE 神経で見られる非対称な遺伝子発現．これにより，ASEL/ASER 神経は異なる種類の水溶性化学物質を受容する．（B）匂い受容体の遺伝子の一種である *str-2* は，左右の AWC 神経（AWCL/AWCR）のどちらかだけで発現する．中央の点線は正中線（Hobert *et al.*, 2002 を改変）．

　2008 年に，神経応答を可視化することができる**カルシウムイメージング法**（3 章コラム①参照）を用いた実験から，嗅覚神経として知られていた AWC 神経が，匂いの他に温度も受容することが発見された．また同時期に，ASJ 神経は光刺激に応答すること，ASJ 神経と ASH 神経は電場刺激に応答することが相次いで発見された．線虫は，単一の感覚神経で様式の異なる複数の感覚情報を受け取っているのである．

2.3　線虫の神経系

　線虫の神経系は他の多くの動物と同様に，**感覚神経**，**介在神経**，そして**運動神経**から形成される．線虫の中枢神経系は，**神経環**と呼ばれるリング状の神経線維の束とその周囲の細胞体からなっている．神経環はさまざまな情報処理を行う中枢領域であり，線虫の「脳」とされる．神経環の内部では，その近辺に細胞体をもつ介在神経が，感覚神経や他の介在神経などとシナプス接続する．感覚神経や介在神経の細胞体の多くは，この神経環の前後や，尾部にある神経節に存在する．一方で，多くの運動神経は，細胞体を腹部神経索にもつ．運動出力は，**コマンド介在神経**と呼ばれる一連の介在神経群によって制御される．それぞれのコマンド介在神経は神経環において特定の介在神経から投射を受けて，前進や後退といった特定の運動を制御する．たとえばコマンド介在神経である AVB，PVC 介在神経は前進運動を，AVA，AVD，AVE 介在神経は後退運動を制御している．これらのコマンド介在神経の指令は，腹部神経索の中でそれぞれ B タイプ，A タイプの運動神経に伝えられて，前進運動と後退運動を駆動する．線虫は 113 個の運動神経をもち，それぞれ移動や排泄，産卵など，線虫が行うさまざまな運動を制御している．なお線虫の神経細胞の多くは，活動電位を伴わない膜電位変化で，情報を伝えると考えられている．

2.4　線虫が示すさまざまな行動

　外界からの刺激に対して生物が示す方向性のある運動を「**走性**」という．たとえばミドリムシは，特定の方向から光を当てるとそちらに向かって移動する．このように刺激源に向かう行動を正の走性，逆に刺激源から遠ざかる行動を負の走性といい，どちらも生物一般に見られる基本的な現象である．302 個の細胞からなる小規模な神経系しかもたない線虫も，化学物質や温度など，さまざまな刺激に対して**正の走性（誘引行動）**や**負の走性（忌避行動）**を示す．このような走性の多くは**可塑性**をもち，記憶や学習によって変化する．その他にも線虫は，移動や排泄などといった基本的な行動から社会性行

■2章 線虫の行動分子遺伝学

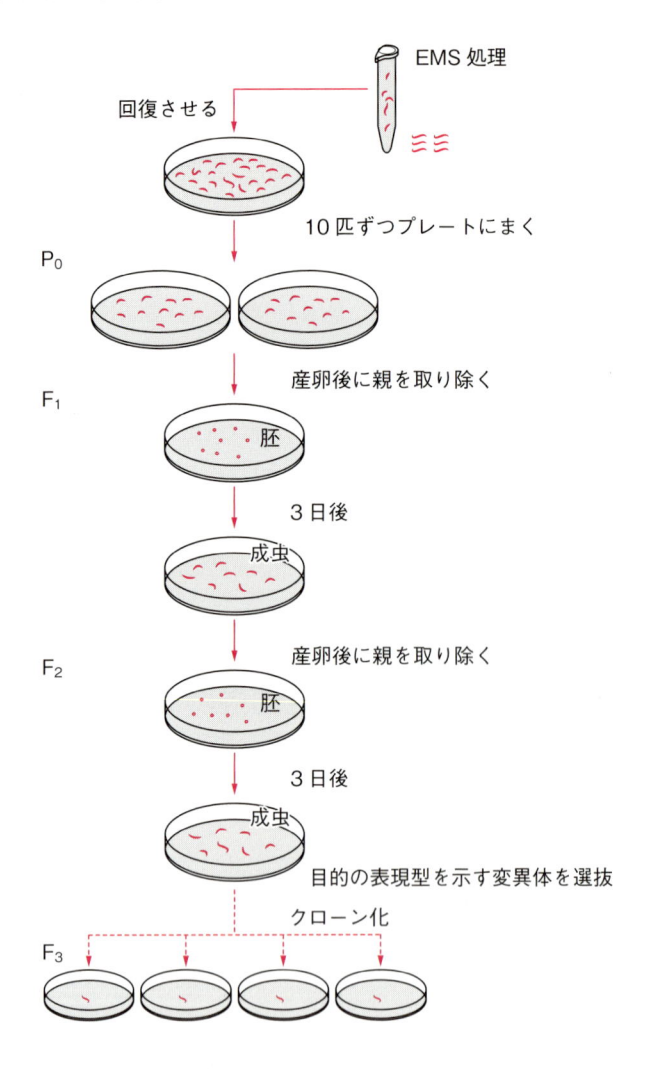

図2.3 EMSを使った遺伝子変異体の作製
エチルメタンスルホン酸（EMS）は揮発性の突然変異誘起剤であり，遺伝子変異体の作製によく使われる薬剤である．これにより，雌雄同体線虫の精子や卵に変異が生じる．EMS処理を行った線虫をプレート上で継代培養することで，2世代目（F_2）でホモ変異体を得ることができる．これを一匹ずつクローン化してさらに培養し，目的の表現型を示す変異体を単離する（Jorgensen & Mango, 2002を改変）．

動といった複雑な行動まで，多様な行動を示す．

このような行動がどのような分子機構で制御されているのかを解明するためのすぐれた手段として，シドニー・ブレナーらは遺伝学に注目した．線虫やショウジョウバエなどの世代時間の短い小動物では，エチルメタンスルホン酸（ethylmethane sulfonate, EMS）などの**変異原**を利用することで，遺伝子変異個体を全ゲノムに渡って体系的に作製することができる（図 2.3）．この方法を利用して，1967 年にシドニー・ブレナーは，線虫において最初の**行動変異体**を単離した．以来，さまざまな行動変異体や，その**原因遺伝子**の同定解析がなされ，線虫の示す多様な行動が分子レベルで理解されてきた．以下に，いろいろな感覚刺激を受容する神経機構を交えつつ，いくつかの例を紹介する．

2.5　化学物質に対する応答

線虫は 1000 種類以上の化学物質を感知することができる．さまざまな水溶性物質（ナトリウムイオン，塩化物イオン，cAMP，リジン，ビオチンなど）や揮発性物質（ジアセチル，イソアミルアルコール，ベンズアルデヒドなど）に対して**誘引行動**（正の**化学走性**）を示すことが確認されている．一方で，銅イオンや 1-オクタノール，2-ノナノン，高濃度の揮発性物質などに対しては**忌避行動**（負の化学走性）を示す．

代表的な化学走性の行動実験系を図 2.4 に示す．寒天プレート上に置かれた化学物質は，拡散により濃度勾配を形成する．そのプレート上に線虫を置いて行動の軌跡を解析することにより，線虫が化学物質に対してどのような応答行動をとったのかを調べることができる．この行動実験系を利用して，化学走性に関与する神経機構の解明が進んできた．たとえば，AWA, AWB, AWC の 3 種類の嗅覚神経がそれぞれどのような行動を制御するかを調べることで，AWA 神経と AWC 神経は揮発性物質に対する正の走性に，AWB 神経は 2-ノナノンに対する負の走性に関与することが示された．

では，これらの感覚神経は，どのようにして化学物質を受容しているのだろうか．実は，線虫も私たちヒトと同様に G タンパク質共役受容体によっ

■2章　線虫の行動分子遺伝学

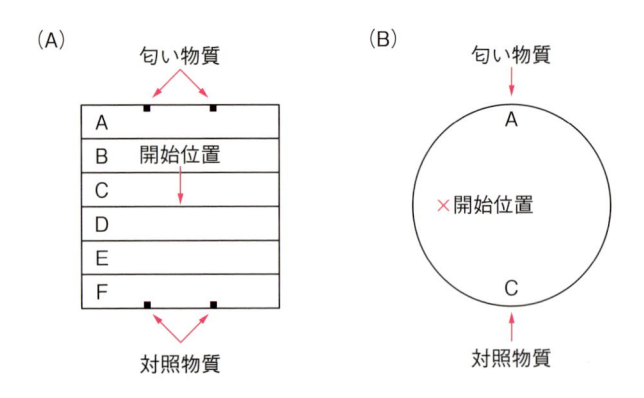

図2.4　化学走性の行動実験系
（A）化学走性の観察法．プレートの両端に匂い物質とコントロールとなる化学物質（対照物質）を置く．その真ん中に線虫をおいて開始位置とし，どちら側へ移動するかを調べる．この方法を利用すると，誘引行動と忌避行動の両方を調べることができる．（B）誘引行動の観察法．丸いプレートを用いる方法もある．この場合，忌避行動のスコア化がむずかしい（Troemel *et al.*, 1997 より）．

て化学物質を受容している．線虫のゲノム上にはおよそ1700種類のGPCR遺伝子が存在し，その多くは化学受容体であると推定されている．これは線虫ゲノムに存在する遺伝子のおよそ10％に相当する．私たち哺乳類の嗅覚系では，それぞれの感覚神経が1種類の受容体だけを発現する．一方で線虫はヒトを含めた哺乳類とは異なり，それぞれの化学感覚神経は複数の受容体を発現している．たとえば，ASK神経では少なくとも9種類の受容体遺伝子が発現している．線虫は，単一の化学感覚神経が複数の化学物質を受容しているのである．

　GPCRのうち，最も機能解析が進んでいる受容体の一つが**ODR**(odorant-responsive mutants)**-10受容体**である．ODR-10は，嗅覚神経であるAWA神経で特異的に発現している．線虫は，バターやチーズの匂いに含まれるジアセチルに対して正の化学走性を示す．この受容体をコードする*odr-10*遺伝子の変異個体では，ジアセチルに対する走性が消失するが，他の化学物質に対する走性は保たれる．また，ODR-10に緑色蛍光タンパク質（green fluorescent protein, GFP) を融合させたタンパク質は，AWA 神経の中でジアセチルを受容する細胞内領域である繊毛に局在する．これらのことから，ODR-10 はジアセチルの受容を担っていると考えられている．興味深いことに，忌避物質である 2-ノナノンを受容する AWB 神経に *odr-10* を異所的に発現させると，従来は誘因物質だったジアセチルに対して忌避行動を示すようになる．誘因か忌避か，という線虫の行動は，どの化学感覚神経が興奮するかにより決定されるのである．これまでの研究から，AWA, AWC 神経によって受容された化学物質は誘引行動を引き起こし，AWB, ASH, ADL 神経によって受容された化学物質は忌避行動を引き起こすことがわかっている．

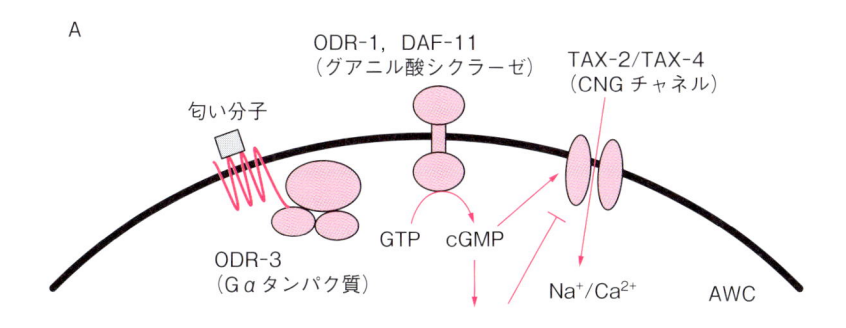

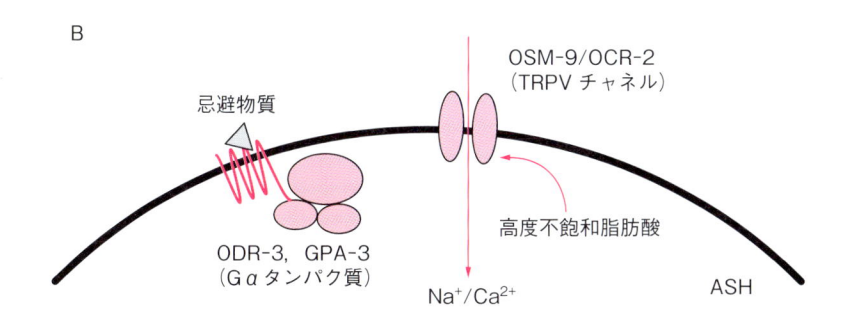

図 2.5 感覚入力を伝える分子機構
　(A) AWC 感覚神経において匂い物質の情報を伝達する分子経路．(B) ASH 感覚神経において忌避性の化学物質の情報を伝達する分子経路（富岡，2011 を改変）．

GPCRの下流にある**細胞内情報伝達経路**は，**cGMP** をセカンドメッセンジャーとする経路と，transient receptor potential（TRP）チャネルの一種である TRP Vanilloid（**TRPV**）に依存した経路が知られている（図 2.5）．cGMP 情報伝達経路はグアニル酸シクラーゼと cGMP 依存性**イオンチャネル**（cyclic nucleotide gated cation channel (CNG) チャネル）を介する経路であり，私たち哺乳類にも共通する一般的な情報伝達経路である．線虫において，cGMP 依存性のイオンチャネルを形成する TAX-2, TAX-4 をコードする遺伝子の変異個体では，前述の AWC 神経を介した揮発性物質に対する化学走性の他にも，ASE 神経による水溶性化合物への化学走性，AWB 神経を介した揮発性物質に対する忌避行動が障害される．一方で，TRPV チャネルは OSM-9，OCR-2 により形成され，その遺伝子変異体では AWA 神経による嗅覚受容や ASH 神経による侵害・化学刺激受容に応じた行動に異常が見られる．この TRPV チャネルは，哺乳類などの TRP チャネルと同様に高度不飽和脂肪酸により調節されており，さまざまな脂肪酸合成酵素の変異体で刺激への応答異常が観察される．

2.6 化学走性における順応

順応（adaptation）は，動物が外界の変化を適切に認識するために重要な神経機構であり，すべての動物で観察される一般的な現象である．線虫においても，持続的に特定の刺激にさらし続けると順応が起こり，その刺激に対する応答性が低下することが知られている．ここでは，線虫の化学走性において観察される順応を紹介する．線虫は，アーモンドやアンズの匂い成分であるベンズアルデヒドに対して正の化学走性（誘引行動）を示す．ベンズアルデヒドは誘引性の匂い物質受容を担う AWC 神経で受容される．しかし，線虫を一定時間ベンズアルデヒドにさらし続けると，この匂いに対する走性は一時的に消失してしまう．このような順応は匂い物質特異的に起こり，AWC 神経が受容する別の匂い物質に対する走性は保たれたままである．

遺伝子変異体の解析から，AWC 神経を介した**化学順応**の分子機構がわかってきた．AWC 神経の順応は，活性化された GPCR に結合する β アレスチン

ARR-1，cGMP 依存性プロテインキナーゼ EGL-4，Tbx2 ファミリーに属する転写因子 SDF-13 などにより制御されている．これらをコードする遺伝子の機能欠失変異個体では AWC 神経を介した化学走性における順応が起こらなくなることから，これらの分子群は，AWC 神経における順応一般を制御すると考えられている．一方で，AWC 神経が受容する匂い物質の中で，特定の匂いに対する順応だけが変化する遺伝子変異体も存在する．TRPV チャネルをコードする *osm-9* や機能未知の *adp-1* 遺伝子の変異である．おもしろいことに，塩類にさらされることで早い順応を起こすことが知られる ASE 味覚神経も，*osm-9* や *adp-1* の変異により順応が阻害される．これらの化学感覚神経における順応は，OSM-9，ADP-1 を介した共通の分子経路によって担われているのである．

2.7　化学走性における記憶と学習

線虫は，より複雑な行動可塑性も示す．たとえば，塩化ナトリウムがある状態で，10 分間程度の飢餓を経験させた線虫は，通常は好むはずの塩化ナトリウムに対して忌避行動をとるようになる（図 2.6）．これを，**塩走性学習**という．また，従来は誘因物質として作用するベンズアルデヒドに飢餓状態でさらされることで，ベンズアルデヒドに対して忌避行動を示すようになる．

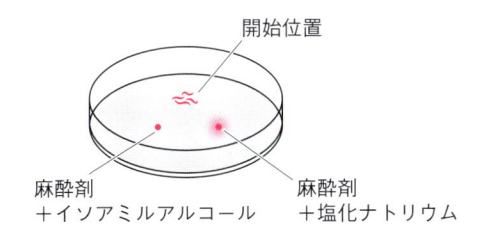

図 2.6　塩走性学習の実験法
餌である大腸菌がない状態で塩化ナトリウムにさらした成虫を集めて，プレート上の開始位置におく．これらの線虫が右下の塩化ナトリウムと左下のイソアミルアルコールのどちらに寄って行くかを調べる．通常の線虫は塩化ナトリウムに寄って行くのに対して，飢餓を経験した線虫は塩化ナトリウムを避けるように移動する（Saeki *et al.*, 2001 を改変）．

■ 2章　線虫の行動分子遺伝学

このように線虫は，過去の経験によって走性の向きを変化させることができるのである．このような学習行動は，**インスリン様情報伝達**経路により制御される（図 2.7）．このインスリン様情報伝達は，哺乳類のインスリンに似た**インスリン様ペプチド INS-1**，**インスリン受容体** DAF-2，および DAF-2 の下流で機能する **PI3 キナーゼ**である AGE-1 により構成される．塩走性学習において，インスリン様ペプチド INS-1 は AIA 介在神経や ASI 神経から分泌される．このインスリン様シグナルが，塩化ナトリウムを受容する主要な感覚神経である右側の ASE 神経（ASER 神経）のインスリン受容体 DAF-2 と PI3 キナーゼ AGE-1 を介した PI3 キナーゼ情報伝達経路を活性化する．これにより，ASER 神経のシナプス放出が減少し，塩化ナトリウムに対する誘引行動が抑制されるのである．なお，線虫のゲノム上には約 40 種類のインスリン様ペプチドをコードする遺伝子が存在し，さまざまな生命現象に関係している．たとえば発生や寿命の制御においては，INS-1 とは異なるインスリン様ペプチド DAF-28 や INS-7 などがはたらく．異なる局面で異なる種類の

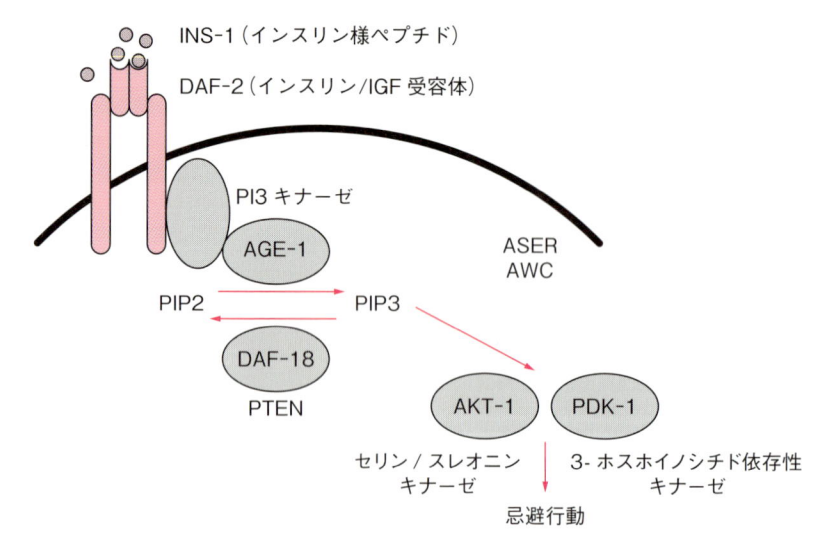

図 2.7　化学物質からの忌避行動を制御するインスリン様情報伝達経路
PI3 キナーゼと，PI3 キナーゼの逆反応を触媒する酵素である PTEN の活性に依存した PIP3 の量が化学物質に対する応答を決める（富岡，2011 を改変）．

インスリン様ペプチドが機能しているのである．

では，INS-1によるインスリン様情報伝達経路は，飢餓状態と化学物質の**連合学習**以外の学習系においても機能しているのであろうか．2.10節で詳しく述べるが，線虫は餌のない状態で飼育されると，温度勾配上で飢餓を体験した飼育温度から逃れるように移動する．このような**温度走性学習**にも，INS-1によるインスリン様情報伝達経路は関与している．INS-1をコードする *ins-1* 遺伝子を欠損した個体は温度走性学習を示さなくなるのである．一方で線虫は，餌がある状態でブタノンの匂いを嗅がせると，ブタノンに対する正の走性が促進する，といった連合学習も示す．*ins-1* の変異体を使った実験から，INS-1は，このブタノンへの**化学走性促進学習**には関与しないことがわかった．これらのことから，INS-1は飢餓状態を伝達するシグナルとしてはたらく可能性が提唱されている．なお，哺乳類においてもインスリン情報伝達経路と記憶・学習との関係が示唆されている．たとえばマウスにおいて，インスリンを投与すると記憶の保持が向上し，逆にインスリン情報伝達経路を阻害すると学習が阻害される．線虫を使った研究から，ヒトを含めた哺乳類にも共通する記憶・学習の神経機構が明らかになりつつあるのである．

では，誘引行動から忌避行動へのスイッチ切り替えは，どのように制御されているのだろうか．2008年に，通常は正の化学走性を引き起こすAWC^{ON}神経が，ブタノンに対する誘引行動から忌避行動への切り替えを担っていることが発見された．AWC^{ON} 神経の細胞内において，**受容体様グアニル酸シクラーゼ**であるGCY-28や線虫の**プロテインキナーゼC**であるPKC-1を介した情報伝達経路が誘引行動を，**ジアシルグリセロールキナーゼ**であるDGK-1を介した情報伝達経路が忌避行動を促進する，という分子的な制御機構が明らかになってきた．

2.8　接触に対する応答

線虫は，**接触刺激**に対して，移動，産卵，採餌，排泄や交尾などの行動を示す．このような多様な行動を引き起こす接触刺激は，まず感覚器や体表

に存在する**機械感覚神経**によって受け取られる．化学物質により興奮する化学感覚神経とは異なり，機械感覚神経は圧力などの機械的なエネルギーを受けて興奮する．遺伝子変異体の接触刺激に対する応答を調べるなどといった研究から，このような接触刺激の伝達に，**DEG/ENaC**（degenerin/epithelial Na$^+$ channel）スーパーファミリーや **TRP** チャネルのスーパーファミリーに属する一連の分子群が関わっていることがわかってきた．たとえば，DEG/ENaC のアイソフォームである MEC-4, MEC-10 タンパク質をコードする *mec-4, mec-10* の遺伝子変異体では，接触刺激への応答行動が消失する．MEC-4/MEC-10 チャネルは体表への接触を受容する 6 種類の機械感覚神経で選択的に発現するナトリウムチャネルであり，MEC-2 や MEC-6 とともにチャネル複合体を形成して接触刺激を伝達する．この複合体において MEC-2 や MEC-6 はそれぞれ，細胞外マトリックスや細胞内骨格とチャネル複合体を結びつける役割を担っている．近年，哺乳類において MEC-2 や MEC-4 と相同な分子が，接触や圧刺激の受容に重要であることがわかってきた．接触受容を担うこれらの分子群は，進化的に保存されているようである．

2.9　侵害刺激に対する応答

体の組織に損傷を及ぼすような強い刺激を**侵害刺激**といい，温度刺激（熱い，冷たい），化学刺激，機械刺激に大きく分けられる．ヒトを含めた哺乳類はこのような刺激に対しては，反射的に避ける行動をとるが，線虫も同じ様に**逃避行動**を示す．アンフィド感覚器にある **ASH 神経**は，刺激性の化合物や高浸透圧刺激，ならびに接触などのさまざまな種類の侵害刺激を受ける感覚神経である．この ASH 神経が興奮することで，侵害刺激による逃避行動が引き起こされる．ASH 神経では，さまざまな動物種で侵害刺激に対する応答に重要とされる **DEG/ENaC チャネル**と **TRP チャネル**がともに発現している．

では，これらのチャネル群は ASH 神経での機械感覚受容にどのように関わっているのだろうか．2011 年に，DEG/ENaC チャネルや TRPV チャネル

の遺伝子変異個体を用いて，接触刺激によって引き起こされる ASH 神経細胞の**電気応答**を測定する，といった実験が行われた．まず，**DEG-1** と呼ばれる DEG/ENaC タンパク質をコードする *deg-1* 遺伝子の欠損個体では，接触刺激に応じた ASH 神経での**トランスダクション電流**が減弱した．一方で，TRPV チャネルを形成する **OSM-9** や **OCR-2** をコードする遺伝子の変異体は，野生型個体と同様のトランスダクション電流を示した．これらの結果は，DEG-1 が ASH 神経において主要な**メカノトランスダクションチャネル**として機能することを示している．OSM-9 や OCR-2 は ASH 神経の**繊毛**部位に局在しており，ASH 神経を介した逃避行動に必要であることが知られている．よって，OSM-9, OCR-2 は，ASH 神経のメカノトランスダクション経路において DEG-1 メカノトランスダクションチャネルの下流に位置してシグナルの増幅に関わる，というモデルが提唱された．このモデルはショウジョウバエの聴感覚神経における**振動増幅機構**（3 章「ショウジョウバエの行動分子遺伝学」を参照）と符合しており，異なる動物種間で共通の機械感覚刺激の増幅機構が存在する可能性を示している．

2.10　温度に対する応答

　餌を与えて一定温度下で飼育された線虫は，温度勾配をもつ餌のないプレート上におくと，以前の飼育温度へ向かって移動する（図 2.8）．逆に餌のない状態で飼育されると，温度勾配上で飢餓を体験した飼育温度から逃れるように移動する．このような，特定の温度に向かって移動する，という線虫の**温度走性**が過去の経験に依存して可塑的に変化する，という現象は，1975 年に発見された．以来，温度走性の変異体の解析が精力的に進められ，温度受容や細胞内情報伝達経路，さらには温度記憶の分子機構が解明されてきた．

　温度情報は，**アンフィド**にある主要な温度感覚神経である AFD 神経や，副次的な温度感覚神経として機能する AWC 神経により受容される．これらの感覚神経では，温度刺激を受け取ることで，**三量体 G タンパク質 α サブユニット**である ODR-3 が**グアニル酸シクラーゼ**である GCY-23，GCY-8，GCY-18 を活性化する．これにより引き起こされる細胞内の **cGMP** 濃度の増

■ 2章　線虫の行動分子遺伝学

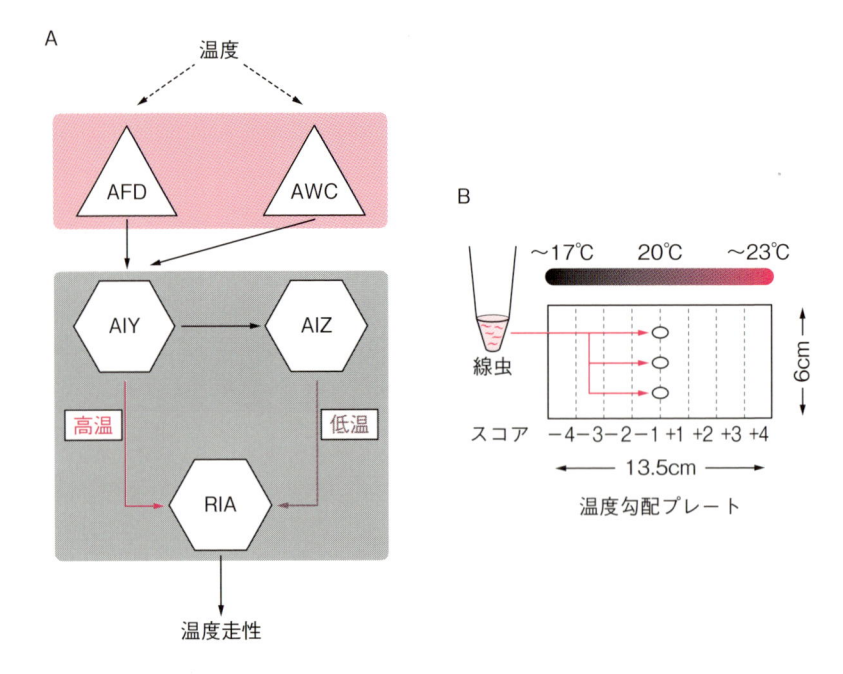

図2.8　線虫が示す温度走性

(A) 温度走性を制御する神経回路．AFD感覚神経とAWC感覚神経によって，温度が受容される．これらの神経はともに頭部にあるAIY介在神経にシナプス接続する．その下流には頭部運動神経に投射するRIA介在神経があり，AIY–RIA神経は高温域への移動を，AIZ–RIA神経は低温域への移動を促進する．三角形で感覚神経を，六角形で介在神経を示す．(B) 温度走性の実験法．温度勾配をもたせたプレートの真ん中に線虫をおき，移動させる．プレートは温度勾配に従って8つの領域に区分けされている．一時間後にそれぞれの領域に存在する線虫の数を数えることで，温度走性インデックスを算出する（Nishida *et al.*, 2011を改変）．

加が，cGMP依存性の陽イオンチャネルである**TAX-4/TAX-2チャネル**の開口を促し，膜電位変化が起こる．cGMPなどの環状ヌクレオチドにより制御される**環状ヌクレオチド依存性チャネル**は，哺乳類の視細胞や嗅細胞での情報伝達に重要な役割を果たしているが，線虫もこれらと似た情報伝達様式により，温度情報を細胞内に伝達しているのである．また，温度受容神経の感度調節に関わる分子群も見つかっている．TAX-6カルシニューリンとTTX-4

プロテインキナーゼCは，AFD神経の活動を負に制御することで，温度に対する適切な応答を引き起こす．

AWC神経は，温度の他にも匂いの情報も受容する．では，このように様式の異なる複数の感覚情報を受け取る感覚神経では，どのような情報伝達経路がはたらいているのだろうか．遺伝子変異体を使った解析から，AWC神経では匂いも温度と同様に，ODR-3を介して細胞内に伝達されることがわかってきた（図2.5）．単一の感覚神経で受け取られた複数の感覚情報が共通の**Gタンパク質**を介した経路で伝達される，という興味深いシステムが明らかになっている．

2.11　温度記憶を担う神経機構

近年の**カルシウムイメージング法**の発展により，特定の細胞の神経活動をリアルタイムで可視化することが可能になった（3章コラム参照）．この方法を使うと，細胞内カルシウム濃度の増加を指標として，神経興奮を測定することができる．これを利用して，AFD神経の応答と温度変化との関係が調べられた．まず，線虫を置いたプレートの温度を低温から高温へと徐々に上げて行くと，過去の飼育温度と一致する温度域においてAFD神経は応答を開始することがわかった．さらに，低温（15℃）や高温（25℃）で飼育された線虫を調べてみると，低温で飼育された線虫は低温で，高温で飼育された線虫では高温で応答を開始した．興味深いことに，このような過去の飼育温度と相関した応答は，細胞体から切り離された繊毛でも生じる．このことは，AFD神経それ自体が飼育温度を記憶していることを示唆している．

cAMP応答配列結合タンパク質である**CREB**（cAMP response element binding protein）は，動物の脳や神経系に豊富に発現する**転写調節因子**である．エリック・カンデル（Eric R. Kandel）はアメフラシを用いた実験から，CREBを阻害すると長期記憶の形成が阻害されることを発見した（本章コラム参照）．その後ショウジョウバエやマウスなど他のモデル生物においても長期記憶の形成にCREBが必要であることがわかってきており，進化的に保存された機能をもつと考えられている．近年，線虫においても，その温度

記憶は AFD 神経における CREB に依存することがわかってきた．線虫は，CREB の相同タンパク質として **CRH-1** をもっている．この CRH-1 をコードする遺伝子 *crh-1* を欠損した線虫は，飼育温度よりも低温に移動するといった行動や，温度走性の消失（温度無走性），といった温度走性異常が見られる．この *crh-1* 欠損変異体において，*crh-1* の発現を AFD 神経で回復させると，温度走性は回復する．一方で，他の感覚神経で同様に発現回復を行っても，温度走性は回復しない．CREB はほぼすべての神経で発現するが，線虫の温度記憶においては AFD 神経での発現が重要なのである．

さらに，神経細胞以外の細胞も飼育温度への応答を担うことがわかってきた．温度を記憶する前後の線虫で発現が変化する遺伝子群を調べる，といった**マイクロアレイ**を使った解析から，熱ショック応答性の転写因子 **HSF-1** が温度記憶に応じた遺伝子発現の制御に関わることが発見された．線虫は飼育温度を記憶するさいに，HSF-1 を介して筋肉や腸などのさまざまな組織において温度を感知しているのである．また，HSF-1 は，女性ホルモンである**エストロゲン**の合成に関わる *dhs-4* や *cyp-37B1* といった遺伝子の発現制御に関わることが予想されている．エストロゲンの投与により，線虫の温度記憶が変化することから，線虫は温度記憶の獲得の過程で，HSF-1 を介して全身で周囲の温度を感じ，その感知は女性ホルモンであるエストロゲンの合成を介して温度感覚神経である AFD 神経を調節する，というモデルが提唱されている．

2.12　光や電気に対する応答

線虫には「眼」はないが，光受容体細胞を介して光を感じることができる．これにより線虫は，**負の走光性**を示す．線虫は通常土の中に暮らしており，この負の走光性をもつことにより，過度の光を避けて土中に留まることができると考えられている．視細胞の一種である線虫の ASJ 神経においては，ヒトを含めた哺乳類の視細胞と同様に，G タンパク質依存性の **cGMP 情報伝達**経路を用いて光情報を細胞内に伝達している．しかし，線虫のゲノム上には，私たちヒトを含めた哺乳類に一般的な視物質であるオプシンに相

同な遺伝子（ホモログ）は存在しない．では，線虫はどのようにして光を感じているのだろうか．EMS を用いてランダムに遺伝的な変異を誘起する，という**順遺伝学**（図 2.3）を使った変異体のスクリーニングにより，*lite-1* 遺伝子の欠損株が光応答性に異常をもつことが発見された．*lite-1* がコードする LITE-1 は，無脊椎動物の**味覚受容体**ファミリーに属する．*lite-1* 欠損株の ASJ 神経では光に応答した内向き電流が観察されないことから，LITE-1 は ASJ 神経において光情報伝達に必須なタンパク質だと考えられる．また，通常は *lite-1* を発現しない光非感受性の ASI 神経に異所的に *lite-1* を発現させると，光に対する応答性が獲得される．LITE-1 の発現により，神経細胞に光感受性が付与されるのである．線虫では，オプシンの代わりに味覚受容体様タンパク質である LITE-1 を使って光を受容している，という可能性が提唱されている．

電流の刺激によって起こる走性を，**電気走性**（走電性）という．陽極に向かう場合を正の，負極に向かう場合を負の走電性といい，自然界ではゾウリムシや細胞性粘菌などで見られるように，負の走電性が多く観察される．線虫も，同様に負の電気走性を示す．2007 年に，アンフィド感覚器の ASJ 神経と ASH 神経が，電場の受容を担うことが示された．また，カルシニューリンのサブユニットをコードする *tax-6* 遺伝子やグルタミン酸を介した神経伝達に必要な *eat-4* 遺伝子の変異により，電気走性が障害されることもわかってきた．*tax-6* がコードする TAX-6 は，温度受容や化学受容といったさまざまな様式の感覚受容において，それぞれの刺激を受け取る感覚神経の感度調節に重要なタンパク質である．電場感覚も，温度感覚や化学感覚と共通の情報伝達経路を使っているのである．

2.13　線虫の社会性

通常の遺伝学研究に用いられる標準的な系統である Bristol N2 系統はプレート上に分散して存在する．一方で，多くの野生型系統はプレート上で集団をつくる．これらの株はそれぞれ，**孤立株**，**社会性株**と呼ばれる．孤立株と社会性株とを比較する実験により，線虫の社会性行動を制御する遺伝子が

■ 2章　線虫の行動分子遺伝学

同定された．この *npr-1* と呼ばれる遺伝子は哺乳類のニューロペプチド Y 受容体のホモログ分子である NPR-1 をコードしており，RMG と呼ばれる一対の介在神経上で機能している（図 2.9）．孤立株の NPR-1 は 215 番目のアミノ酸残基がバリンであるため高活性型であるのに対し，社会性株ではフェニルアラニンとなっているために，NPR-1 の活性が低くなっているのである．また，*npr-1* を欠損した個体は社会性をもつが，*npr-1* の機能を失った個体の RMG 介在神経をレーザー照射により除去すると，線虫は社会性を示さなくなる．これらのことから，線虫の孤立株においては，NPR-1 を介して RMG 介在神経の活動が抑制されていると考えられている．RMG 介在神経は，フェロモン刺激や侵害刺激など多様な種類の刺激を受け取る 6 種類の感覚神経とギャップ結合により結合し，情報をやり取りしている．RMG 介在神経は，社会性行動を制御する神経回路の中で，個体の内部状態と外部環境の状態を

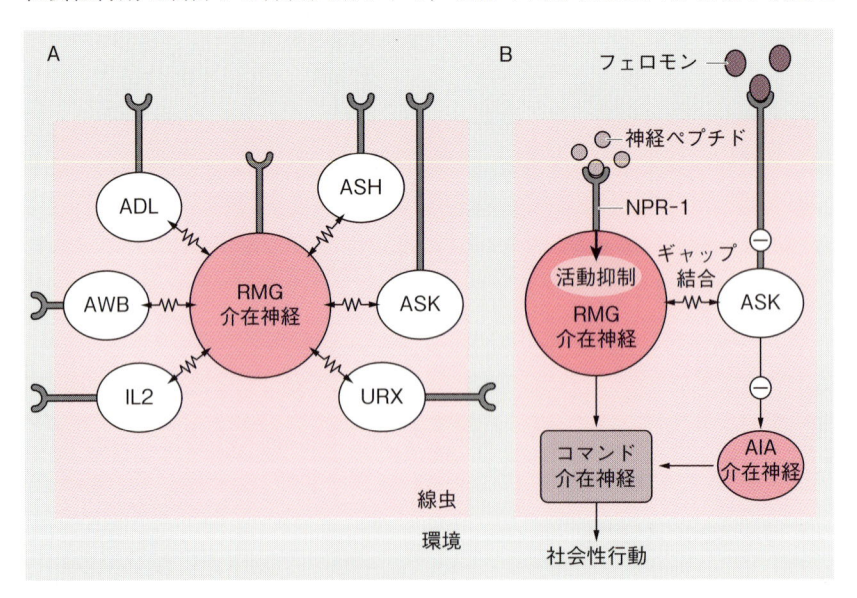

図 2.9　RMG 介在神経が形成する神経回路
（A）RMG 介在神経は 6 種類の感覚神経と接続する．（B）RMG 介在神経による社会性の制御機構のモデル図．マイナス記号は抑制を示す．NPR-1 の活性が低いと，RMG 介在神経の活動が上昇する．この活動上昇は ASK 感覚神経や AIA 介在神経などを介して社会性行動を促進する（Lockery, 2009 を改変）．

照らし合わせる，といった役割を担っているのかもしれない．

2.14　雄の線虫が示す配偶行動

　ここまでは，雌雄同体の線虫を中心に取り上げた．最後に，雄の線虫に固有な行動として**配偶行動**を紹介する．雄は，探索行動を行って配偶相手である雌雄同体個体の近くに移動する．この配偶者探索行動は，配偶相手の存在，個体の栄養状態，ならびに生殖腺由来のシグナルにより制御される．この生殖腺由来のシグナルは，ビタミンD受容体ファミリーに属する**核内受容体DAF-12**を介して伝達される．DAF-12は線虫の全身で発現しており，探索行動のほかにも発生や休眠，老化などさまざまな生命現象を制御している．リガンドがない状態では，DAF-12はコリプレッサーである**DIN-1**と複合体を形成している．このような雄は配偶者がいない餌の上に留まり続け，配偶者探索は行わない．このDAF-12/DIN-1複合体は，寿命や休眠，脂質の貯蔵などを促進する．ステロイドの誘導体であるダファクロン酸がDAF-12経路のリガンドとして機能するとDIN-1による抑制が解除され，雄の配偶者探索行動が促進される．ダファクロン酸は*daf-9*遺伝子の産物であるシトクロムP450を介して生合成される．

　探索行動により雌雄同体個体に近づいた雄の線虫は，尾部に存在する感覚器を接触させる．これにより，雄は雌雄同体の線虫を認識し，交尾を開始する．このような一連の配偶行動を行うために，雄の線虫は雌雄同体個体と共通の294個の神経の他に，89個の雄特異的な神経をもっている．配偶者探索行動を制御するDAF-12は，このような雄の神経回路形成にも必要である．たとえば雄に特異的な**レイ感覚神経**群は，配偶者が近くにいない場合には雄の配偶者探索行動を促進し，配偶者がいるとその存在を検知する．*daf-12*遺伝子の変異体ではこれらのレイ感覚神経の軸索が正しく伸長しない．このように，DAF-12は，雄固有の現象に広く関わっているのである．

〈上川内あづさ〉

コラム 2 章
神経生理のモデル生物アメフラシ

　軟体動物腹足類の仲間である**アメフラシ**（*Aplysia californica*）は，神経生理学や神経生化学のモデル生物として使われる．アメフラシの神経細胞の細胞体は直径 200〜1000 μm であり，すべての動物の体細胞の中でも最大級である．また，その中枢神経系は，2 万個程度と比較的少数の神経細胞から構成されているため，それぞれの細胞を同定しやすい，という利点ももつ．そのため，アメフラシは神経生理を研究するためのモデル生物としてよく利用されている．アメフラシは，海水や排泄物を吐き出すための**水管**をもつ．この水管を棒でつつくと，えらや水管を引き込む，という**反射行動**をとる．このえら引き込み反射は，くり返し刺激を与えることで「**慣れ**（habituation，馴化ともいう）」が起こり，次第に小さくなる．これは，くり返し刺激によって水管の感覚神経由来の**興奮性シナプス電位**が徐々に小さくなるためである．また，水管を刺激する前に尾部など体の別の部位に電気ショックなどの非常に強い刺激を与えると，水管をつついたときのえら引き込み反射が強まる，という現象も知られている．これは「**鋭敏化**（sensitization）」と呼ばれ，えら引き込み反射を制御する神経回路内部の**シナプス増強**によって起こる（図 2.10）．感覚神経から情報を受け取る介在神経が放出するセロトニン刺激により，感覚神経の細胞内で cAMP 情報伝達経路が活性化され，神経伝達物質の放出量が増加するのである．この鋭敏化は，一回の訓練では数分間しか持続しないが，くり返して訓練すると数日に渡って続く．「**記憶の固定**」と呼ばれる過程により，短期記憶が長期記憶へと変換されるのである．エリック・カンデル（Eric R. Kandel）らの研究グループは，この過程を詳しく研究した．ここでは，cAMP を介した情報伝達経路により **MAP キナーゼ**（MAPK）が活性化される．これにより，**CREB** と呼ばれる転写因子が活性化されてタンパク質の新規合成が起こり，新たなシナプ

コラム　神経生理のモデル生物アメフラシ

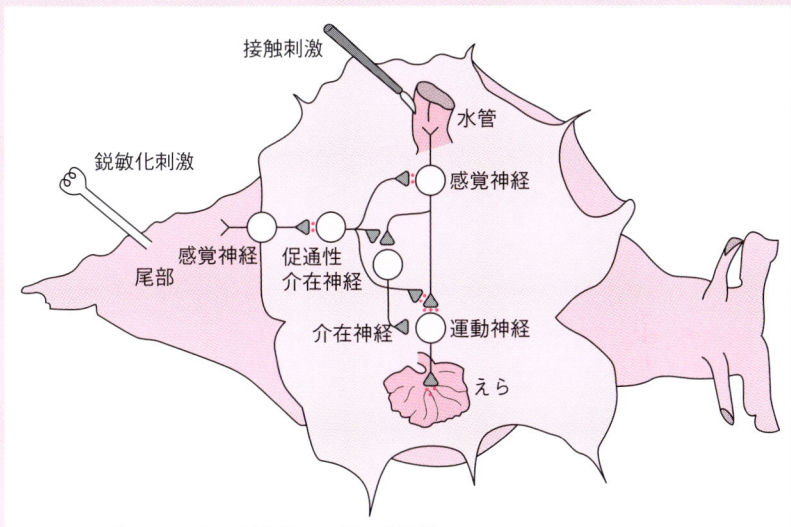

図 2.10　えら引き込み反射の鋭敏化
尾部への強い刺激により鋭敏化を担う介在神経が活性化される（Kandel, 2000 を改変）．

ス結合が獲得される（図 2.11）．このように，アメフラシを使った研究により，シナプスが変化することで記憶が形成されるしくみが明らかになった．その成果によってエリック・カンデルは，2000 年にノーベル生理学・医学賞を受賞した．

■ 2章　線虫の行動分子遺伝学

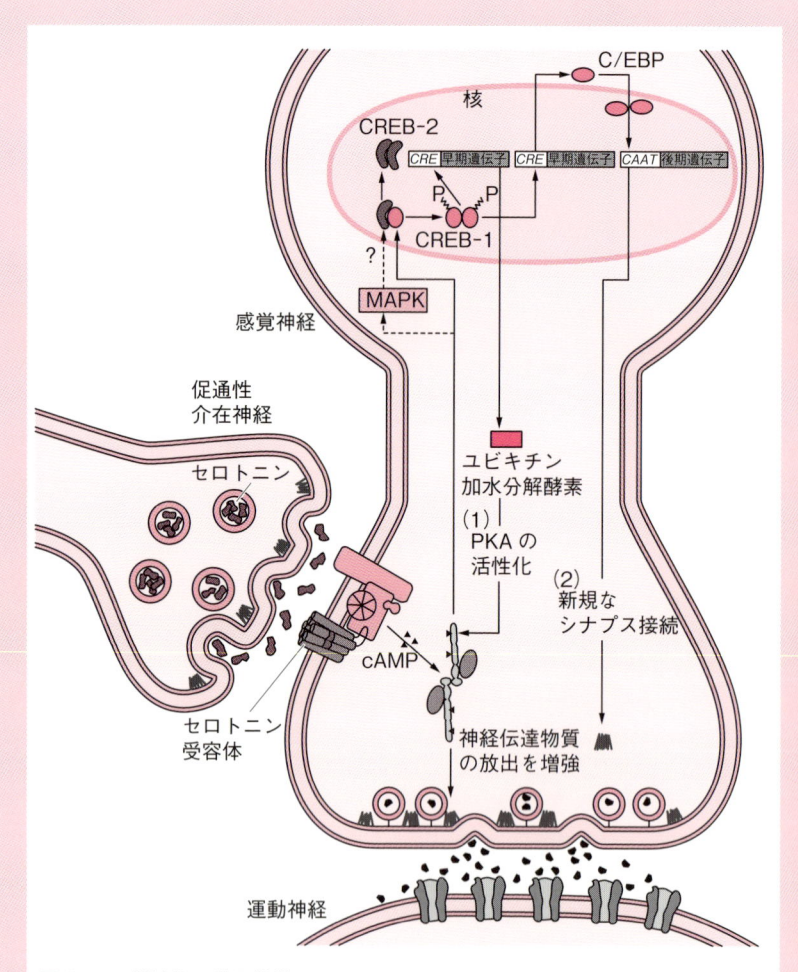

図 2.11　鋭敏化の分子機構
短期鋭敏化においては，プロテインキナーゼ A（PKA）がさまざまなタンパク質をリン酸化することで，神経伝達物質の放出が増強される．一方で長期鋭敏化は新しいタンパク質合成が必要である．この新規合成を担う分子が CREB であり，(1) ユビキチン加水分解酵素を発現させて PKA を活性化する，(2) 転写因子 C/EBP を発現させて新規なシナプス接続に重要なタンパク質の発現を誘導する，といった一連のイベントを引き起こす（Kandel, 2000 を改変）.

3章 ショウジョウバエの行動分子遺伝学

　ショウジョウバエは20世紀の初頭から実験動物として用いられてきた．初期は遺伝学の材料として，現在では主に発生生物学や神経行動学，行動遺伝学のモデル生物として用いられている．ショウジョウバエは比較的小さな脳しかもたないにも関わらず，「求愛歌」と呼ばれる羽音を利用した配偶行動などの多彩な行動を示す．本章では，動物の行動を制御する脳の神経基盤や分子基盤を解明するためのモデル生物であるショウジョウバエを取り上げ，その実験動物としての特徴や実験手法，さらにはそれを利用して解明された，さまざまな行動の分子基盤を紹介する．なお，ショウジョウバエは完全変態昆虫であり，その行動様式は幼虫と成虫で大きく変化する．本章では，主に成虫を取り上げて紹介する．

3.1　モデル生物としての特徴

　キイロショウジョウバエ（*Drosophila melanogaster*）は体長3ミリメートル前後の小さな昆虫で，自然界では熟した果物や樹液，およびそこに生育する天然の酵母を食料とする．ショウジョウバエは実験室で簡単に飼育でき，その世代時間は25℃飼育で10日と早く（図3.1），かつ眼の色といった定量性のある形質を示す．またショウジョウバエの繁殖力は著しく高く，一匹の雌は数千個もの卵を産む．20世紀の初頭，コロンビア大学のトーマス・ハント・モーガン（Thomas H. Morgan）らは，**遺伝学**の研究を効率よく行える動物として，このショウジョウバエに着目した．1908年頃から化学物質や放射線を使った変異体の作製にとりくんだモーガンは，1910年についに，眼の色が通常の赤色から白色へ変異した雄のショウジョウバエを発見した．このハエを使って交配をくり返す，という実験から始まった一連の遺伝学実験により，遺伝子が染色体に存在するという「**染色体説**」が実証されたので

■3章 ショウジョウバエの行動分子遺伝学

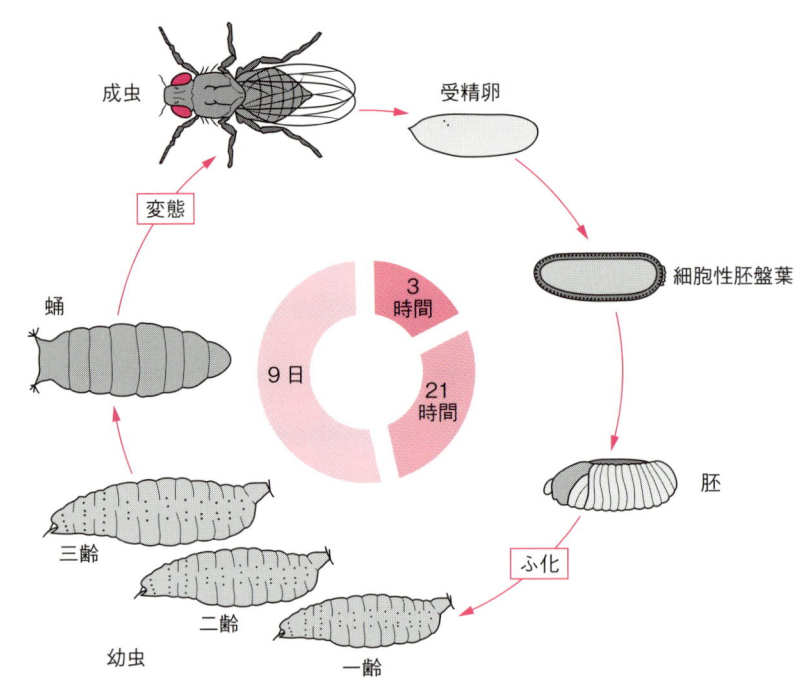

図3.1 ショウジョウバエの生活環
25℃で飼育すると，受精卵から約10日で成虫になる．

ある．なお，この遺伝子はモーガンにより **white** 遺伝子と名づけられ，後にクローニングされた．この眼の色を変化させる遺伝子は，遺伝子導入を示すマーカー遺伝子として，現在とてもよく使われている．また，モーガンの弟子のハーマン・ジョセフ・マラー（Hermann J. Muller）は，ショウジョウバエに **X線** を照射すると表現型に遺伝的な影響を及ぼすことを発見し，これがX線による**遺伝子突然変異**（人為突然変異）であることを明らかにした（1927年）．これらの業績により，モーガンは1933年に，マラーは1946年にそれぞれノーベル生理学・医学賞を受賞した．この，ショウジョウバエを使ったモーガンたちの研究成果は世界中にインパクトを与え，以降，数多くの研究者たちによりさまざまな**突然変異体系統**や**異常染色体系統**が樹立された．

ショウジョウバエは四対の染色体をもち，そのうち一対は性染色体である．

ショウジョウバエ幼虫の**唾液腺**は核分裂を伴わない DNA 複製を行うため，およそ 1,000 コピーもの染色分体からなる非常に大きな染色体が形成される．この多糸染色体と呼ばれる巨大な染色体を利用することで，1930 年代に他の生物に先駆けてゲノムの地図がつくられた．この**細胞学的遺伝子地図**を利用することで，遺伝子のマッピングが初めて行えるようになったのである．その後, 2000 年に全ゲノムの塩基配列が解読され，その配列から，ショウジョウバエはおよそ 14,000 個の遺伝子をもつことが予測されている．

　モーガンたちによる白眼に変異したショウジョウバエの発見から 5 年後，ハエの胸部に存在する平均棍と呼ばれる器官（後胸部についている退化した翅）が翅に突然変異しているショウジョウバエが発見された．これが，最初に発見された**ホメオティック変異**であり，1995 年にエドワード・ルイス（Edward B. Lewis），クリスティアーネ・ニュスライン＝フォルハルト（Christiane Nüsslein-Volhard），エリック・ヴィーシャウス（Eric F. Wieschaus）によるノーベル生理学・医学賞の受賞（初期胚発生の遺伝的制御に関する発見）につながる発見の発端であった．この発見を契機として，ショウジョウバエで培われた遺伝学は発生学と融合したのである．その後の研究から，ここで発見されたホメオティック変異の原因遺伝子は**ホメオボックス**と呼ばれる共通した配列をもち，私たち哺乳類を含めたすべての後生動物に広く存在して同じようなはたらきをしていることがわかった．動物の発生における遺伝子に関連した多くの知見は，ショウジョウバエを用いた研究で最初に明らかにされてきたのである．

　ショウジョウバエ遺伝学の長い歴史の中で，さまざまな遺伝学的手法が開発された．減数分裂のときに遺伝子組換えを抑制することができる**バランサー染色体**や，外来遺伝子を簡単にゲノムに組み込むことができる **P 因子**を用いた**形質転換**は，モデル生物としてショウジョウバエを利用する大きな利点である．また，**GAL4/UAS 法**をはじめとしたバイナリー遺伝子発現調節システムおよびそれを利用したエンハンサートラップ法は，特定の細胞だけで任意の遺伝子の発現を誘導することができる非常に優れたシステムであり，ショウジョウバエを使った研究において欠かせないツールとなっている（図 3.2）．

■3章 ショウジョウバエの行動分子遺伝学

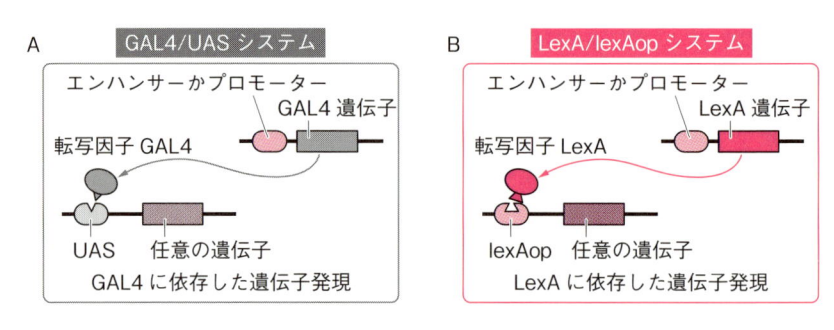

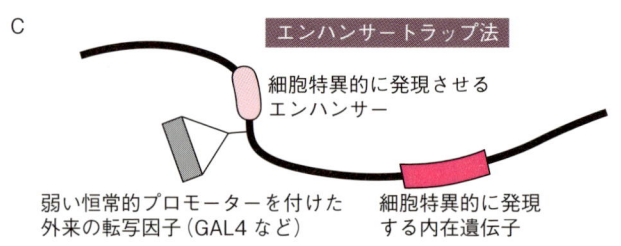

図3.2 バイナリー遺伝子発現調節システム
（A）GAL4/UASシステム．酵母由来の転写因子GAL4を発現するGAL4系統と，その結合配列であるUASの下流に任意の遺伝子をつなげた組換えDNAをもつUAS系統を掛け合わせることで，GAL4に依存した細胞特異的遺伝子発現を誘導する．さまざまなUAS系統を用意しておくことで，いろいろな時空間パターンでの遺伝子発現が可能になる．（B）LexA/lexAopシステム．GAL4のかわりに大腸菌由来のLexAを利用する．転写因子LexAの結合配列であるlexAopの下流に任意の遺伝子をつなげた組換えDNAをもつlexAop系統と掛け合わせて使う．GAL4/UASシステムと組み合わせることで，同一個体の異なる細胞群で別々の遺伝子発現を誘導できる．（C）エンハンサートラップ法．外来の転写因子の遺伝子をランダムにゲノム内に挿入すると，転写因子は近傍のエンハンサーの制御を受けて細胞特異的に発現する．このようなショウジョウバエ系統をエンハンサートラップ系統と呼ぶ（上川内ら，2009を改変）．

3.2　行動遺伝学のモデル生物としてのショウジョウバエ

　ショウジョウバエの脳は，およそ10万個の神経細胞から構成されている．これは，私たち哺乳類の脳と比べると格段に小さい脳であるといえる．しかしショウジョウバエは，この小さな脳で驚くほど多彩な定型，非定型の行動を制御している．このような特性に着目したシーモア・ベンザー（Seymour

Benzer）は，動物の行動を分子レベルで理解するモデル生物として，1960年代にショウジョウバエを使った研究を開始した．変異原である**エチルメタンスルホン酸**（ethylmethane sulfonate, **EMS**）を与えて遺伝子変異個体を全ゲノムに渡って作製する，といった方法により，行動の変異体スクリーニングを初めて大規模に行ったのである．この結果，**走光性**，**概日リズム**，**記憶**や**学習**といったさまざまな行動の変異体が発見された．これら変異体の解析から，概日リズムを制御する *period*（*per*）遺伝子，学習を制御する *dunce*（*dnc*）遺伝子，配偶行動を制御する *fruitless*（*fru*）遺伝子などが同定された．現在は，特定の細胞だけでこれら遺伝子の発現を操作することが可能になり，ショウジョウバエを利用した行動分子遺伝学がますます活発化している．なお，ショウジョウバエの *per* は 1971 年に発見されているが，その後 1997 年にヒトのホモログ遺伝子が発見された．概日リズムなどの複雑な生命現象も，私たち哺乳類とショウジョウバエで共通の分子機構をもつのである．

　ショウジョウバエが示す**走性行動**を調べるためにベンザーたちが開発した実験装置の例を紹介する．カウンターカレント装置を使うと，光源の方向に向かう走光性や驚いたときに上方向に逃げる**反重力走性**を定量化できる（図3.3）．また，温度勾配をもたせたプレートを利用することで，ショウジョウ

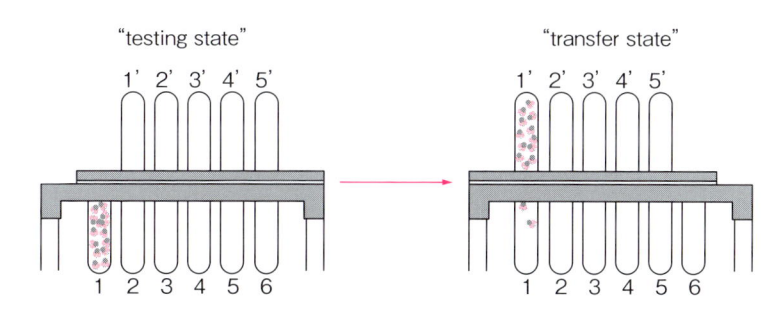

図 3.3　ベンザーたちが開発したカウンターカレント装置
ショウジョウバエを下の容器に入れ，実験を開始する（testing state）．その後上下の容器の間の仕切りを取り除き，バイアル間を自由に移動できるようにする（transfer state）．これを 5 回くり返して行う．ハエの最終分布は，二項分布に従う．そのため，最終的な分布の様子から，各試行におけるハエのバイアル間移動確率が算出できる．この装置を利用することで，走光性や反重力走性を検定できる（Inagaki *et al.*, 2010 を改変）．

■3章 ショウジョウバエの行動分子遺伝学

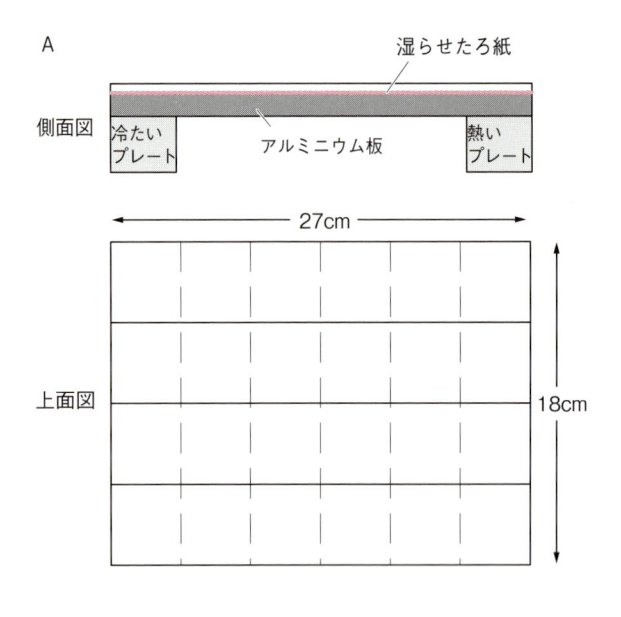

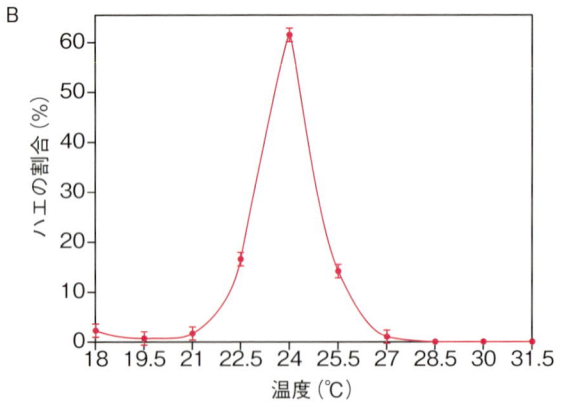

図3.4 ベンザーたちが開発した温度勾配装置
アルミニウムの板を2種類の異なる温度プレート上に渡して，温度勾配をつくりだす（A）．この板の上にショウジョウバエをおいて移動させ，最終的な分布を観察する．それぞれの温度域にハエがどのような割合で分布したかをグラフ化する（B）．ショウジョウバエは通常，24℃くらいを好むことがわかる（Sayeed & Benzer, 1996を改変）．

バエの**温度走性**を調べることができる（図 3.4）．このような走性行動を利用することで，ショウジョウバエにおける感覚受容のメカニズムが明らかになってきた．

3.3 ショウジョウバエの感覚系

アリストテレスは著書『De Anima』の中で，人間が外界を知覚するための感覚として，嗅覚，味覚，視覚，聴覚，触覚からなる**五感**を定義した．ショウジョウバエもこの五感をもち，体表上のさまざまな感覚器を使ってその情報を受け取っている．頭部の左右にある一対の巨大な**複眼**は視覚をつかさどり，色，形，動きや偏光を受容している（図 3.5）．頭部前方にある**触角**は，嗅覚器官や聴覚・重力感覚器官をもつ．嗅覚器官は触角の下にある**小顎鬚**（しょうがくしゅ）にも分布する．口の先端にある**唇弁**，足の先にある**ふ節**，翅の前縁，雌の産卵器官には味受容体が存在する．何かが体に触れたときの物理的刺激を感じる感覚である触覚は，体中を覆っている毛によって受け取られる．なお，聴覚・重力感覚と触覚は，感覚の種類としてはともに機械感覚に分類される．その他の機械感覚として，温度感覚や湿度感覚，さらに自己受容感覚（空間での身体バランスや位置，動きについての感覚）をもつ．

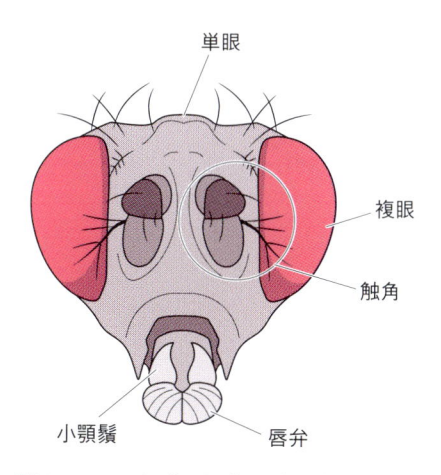

図 3.5 ショウジョウバエ頭部の主な感覚器

■3章　ショウジョウバエの行動分子遺伝学

　ショウジョウバエの感覚器は2種類のタイプに大別される．1つ目は**感覚子**と呼ばれる複数の細胞からなる装置であり，1〜4個の感覚神経とそれを囲む3，4個の支持細胞を機能単位とする．それぞれの感覚神経は刺激受容部位である繊毛をもっている．2つ目のタイプは，複雑な形の樹状突起をもつ**多樹状突起神経**である．ショウジョウバエの嗅覚器や味覚器は毛状の感覚子から構成されている．この感覚子の内部に化学感覚神経が繊毛を伸ばし，感覚子表面の小孔から進入した外来の化学物質に応答する．また，機械感覚刺激に分類される音や重力も，「**弦音器官**」と呼ばれる張力を検知する感覚子が受容する．ショウジョウバエの触角の第二節には，「弦音器官」の一種である「**ジョンストン器官**」がある．この内部にある**ジョンストン神経**と呼ばれる感覚神経は，空気の振動により興奮する音受容細胞と，重力や風により興奮する重力・風受容細胞に機能分担している．これらの感覚神経細胞はそれぞれ，音や重力による触角の細かい動きを検出し，情報を脳の特定の領域へ伝える（図 3.6）．

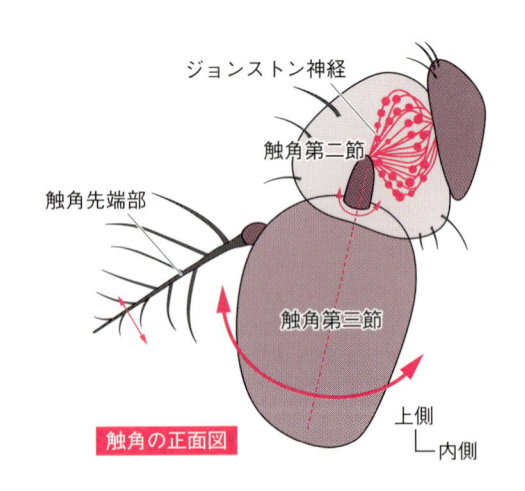

図 3.6　ハエの「耳」として機能するジョンストン器官
触角付け根に細胞体をもつジョンストン神経は，音，重力や風に応じた触角先端部の動き（赤矢印）により張力を受けて興奮する．

3.4 ショウジョウバエの脳

　ショウジョウバエの頭部には，感覚情報の処理や統合，さらに学習や運動制御の場としての脳が存在する（図3.7）．ヒトを含めた哺乳類の脳と昆虫の脳は，機能的には類似しているが，見た目はかなり異なっている．たとえば，哺乳類の脳と違い，昆虫では神経細胞体の多くは脳の表面に存在する．これらの細胞体は，脳の内部にある**ニューロパイル**（神経線維が密集している領域）に神経線維を伸ばして相互にシナプス結合する．ニューロパイルはそれぞれグリアで覆われたいくつかの領域にわかれており，それぞれの領域は感覚情報の処理や統合，記憶などの高次機能や運動制御を担っている．なお，脳の表面は**表層グリア**と呼ばれるグリア細胞で覆われている．神経細胞間の情報伝達は哺乳類の脳と同じように，アセチルコリンやGABAなどの神経伝達物質を介した**化学シナプス**や，ギャップ結合を介した**電気シナプス**により担われている．ショウジョウバエで発達した**分子遺伝学**を利用することで，感覚情報処理，記憶と学習，運動制御，性行動の制御に関わる神経回路の体

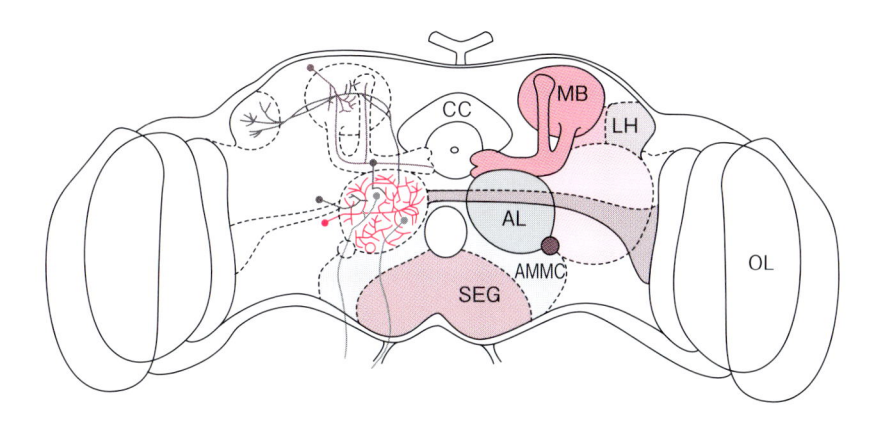

図3.7　ショウジョウバエの脳の模式図
　正面から見た図．触角葉とキノコ体などの神経接続の一部を模式的に示している．MB：キノコ体，LH：側角，SEG：食道下神経節，AL：触角葉，OL：視葉，CC：中心複合体，AMMC：触角機械感覚野（Lai *et al*., 2008 より改変）

系的な同定が行われている．

　感覚器で受け取られた感覚情報は，種類ごとに特定の一次中枢へと送られ，処理される．たとえば複眼で受容された視覚情報は，**視葉**と呼ばれる層状の領域で順次処理される．触角や小顎鬚で受け取られた嗅覚情報は**触角葉**と呼ばれる脳前方の領域で，ジョンストン器官で受け取られた音情報は**触角機械感覚野**と呼ばれる脳の腹部側領域でまず処理される．高次連合領域としては，**キノコ体**と**中心複合体**の研究が進んでいる．ショウジョウバエのキノコ体は嗅覚の二次中枢であるとともに，嗅覚連合学習に必要な領域である．中心複合体は，視覚学習や歩行の制御において重要な領域である．その他の高次連合領域の機能は，まだあまりよくわかっていない．

3.5　化学受容の分子機構

　匂いや味を受け取るショウジョウバエの**化学受容**は，7回膜貫通型の受容体である **Odorant receptor**（Or）ファミリーや **Gustatory receptor**（Gr）ファミリーに属する受容体により担われる．匂い受容体を形成する Or タンパク質は脊椎動物や線虫での嗅覚受容体である **G タンパク質共役受容体**（G protein-coupled receptor, **GPCR**）とは膜貫通の空間配置が逆になっており，その N 末端が細胞内に存在する．脊椎動物の GPCR との配列とも相同性がないため，Or タンパク質は昆虫に特異的な新規タンパク質ファミリーだと考えられている．ショウジョウバエは 62 種類の Or 遺伝子をもつ．匂い受容を担うそれぞれの匂い受容体神経（Or 神経）は，固有の Or タンパク質を1～3種類だけ発現している．この固有の Or タンパク質が，ほぼすべての匂い感覚神経で発現する Orco（Or83b）と呼ばれるタンパク質とヘテロ二量体を形成し，匂い分子に対する受容体として機能する．リガンドである匂い分子の結合によりこのヘテロ二量体が形成するチャネルが開口し，陽イオン電流を流すのである．Orco はこのヘテロ二量体を繊毛部位に輸送するために必要であり，匂い受容における共受容体としてはたらいていると考えられている．

　別のタイプの匂い受容体として，**イオンチャネル型受容体**（ionotropic

receptor, Ir）も見つかっている．*Ir*遺伝子は*Or*遺伝子を発現する嗅感覚神経とは異なるタイプの嗅覚神経（Ir神経）で発現し，それぞれのIr神経は2〜5種類の*Ir*遺伝子を発現する．このうち*Ir8a*，*Ir25a*と呼ばれる2種類の遺伝子はそれぞれ，異なるグループのIr神経で広く発現しており，共受容体としてはたらくと考えられている．*Ir25a*は他の昆虫，線虫や軟体動物にもそのオーソログが存在することから，*Ir*の祖先型だと考えられ，一方で*Ir8a*は昆虫で新たに獲得されたタイプだと考えられている．Irタンパク質は，配列上はイオンチャネル型グルタミン酸受容体と相同性をもっている．

　ショウジョウバエの味覚器は，体表上のさまざまな部位に存在する（図3.8）．それぞれの味覚器において，**Grタンパク質**が味覚を司る主要な受容体である．Grはショウジョウバエでは68種類の遺伝子からなり，甘み化合物（糖類）と苦み化合物を受容する．それぞれのGrは，固有の味覚受容体神経で発現している．たとえば，甘み化合物であるトレハロースを主に受容

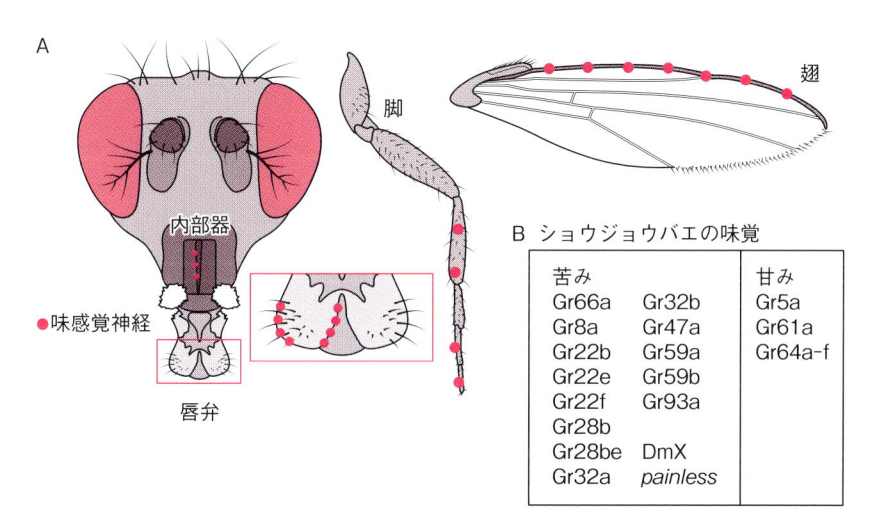

図3.8　ショウジョウバエの味覚受容
（A）味覚受容器の分布．ショウジョウバエの味覚受容器である味感覚神経は，口の先端にある唇弁，脚の先にあるふ節，翅の前縁などに存在する．これらの味感覚神経はGrタンパク質を発現する．（B）苦みと甘みを受容するGrタンパク質．それぞれのGrタンパク質は苦みや甘みの受容を担う（Yarmolinsky *et al.*, 2009を改変）．

■ 3 章　ショウジョウバエの行動分子遺伝学

するGr5a受容体とカフェインなどの苦み検出に必要なGr66a受容体は，異なる脳の領域に投射する別々の味覚受容体神経で発現している．Gr5aを活性化する化合物はショウジョウバエに対する誘引物質として作用し，逆にGr66aを活性化する化合物は忌避物質として作用することもわかった．これらのことから，Gr5aとGr66aをそれぞれ発現する感覚神経は甘みと苦みの情報を脳に伝える「**ラベルドライン**（Labeled line）」（種類の異なる刺激に対してそれぞれ別々の神経が情報を伝えること）をつくっていると考えられている．なおショウジョウバエは低濃度の塩に対しては誘引，高濃度になると忌避行動をとるが，Gr5a発現神経は低濃度，Gr66a発現神経は高濃度の塩化ナトリウムにそれぞれ応答性を示す．Gr5aとGr66aが，味覚を介したハエの化学走性の向きを制御していると考えられている．

　甘み受容体はGr5aの他にも存在し，Gr64ファミリーとGr61の関与が明らかになっている．Gr64ファミリーは6種類の*Gr64*遺伝子から構成され，甘み物質である糖に対する応答に重要な役割を果たす．その遺伝子をすべて欠損したショウジョウバエは，トレハロースを含むさまざまな糖に対する応答がなくなるのである．また，**苦み**を受容する一連のGrも同定されている（図3.8B）．なお，味覚においても，Grタンパク質とは異なるチャネル型の受容体が存在する．**塩味**を受容するENaC（epithelial Na$^+$ channel）をコードする*pickpocket*（*ppk*）や，**酸味**を受容するイオンチャネルが知られている．

3.6　TRPチャネルの多様な機能

　Transient receptor potential（TRP）チャネルファミリーに属する陽イオンチャネル群は，感覚受容の場において重要な役割を果たしている．この**TRPチャネル**は進化的に保存されており，私たち哺乳類を含めたいろいろな動物でさまざまな感覚受容を担っている．*trp*遺伝子の変異体が最初に発見されたのは1989年，ショウジョウバエを使った実験からであった．ショウジョウバエの網膜は，光に対して持続的に応答する．しかしこのとき発見された*trp*変異体では，光に対して一時的にしか応答しないのである．この表現型が，遺伝子名*transient receptor potential*（*trp*）の由来である．その後，

さまざまな動物種でTRPの研究が進み，そのセンサーとしての幅広い機能がわかりつつある．現在では，ヒトでは28種類，線虫では17種類，ショウジョウバエでは13種類のTRPチャネルをコードする遺伝子が発見されている．

遺伝子変異体を利用した研究から，ショウジョウバエのTRPチャネルは視覚の他にも，聴覚，温度や湿度感覚，化学感覚や触覚の伝達に関与することがわかってきた．最初に見つかったTRPはTRPL，TRPγとともに**classical TRP**（TRPC）ファミリーを形成する．これらのチャネルは，光刺激の伝達や視覚応答に重要な役割を果たしている．このうちTRPとTRPLは，複眼の光受容体細胞で発現しており，**ホスホリパーゼC**を介した視覚伝達カスケードによって活性化される．GPCRの一種である**ロドプシン**により光が受容されると，ホスホリパーゼCであるNorpAが活性化される．活性化したNorpAは，Ca^{2+}に選択性をもつ陽イオンチャネルであるTRPチャネルと非選択的な陽イオンチャネルであるTRPLチャネルを活性化するのである．

機械刺激の受容に関わるTRPチャネルも見つかっている．TRPN1チャネルである**No mechanoreceptor potential C**（NompC）チャネルや**TRP Vanilloid**（TRPV）チャネルに属する**Nanchung**（Nan），**Inactive**（Iav）が，音に対する感度の調節や音受容を担っている．*nompC*変異体では，音への感度増幅を担う触角の自発振動や非線形な振動増幅も消失する．NompCチャネルの機能は，触角の自発的な振動や，その振動増幅に必要なのである．一方でNanとIavは，**ヘテロ複合体**を形成して感覚細胞の繊毛に局在している．それらの遺伝子変異体ではジョンストン神経の音への応答が消失するが，音量に依存した触角振動の**フィードバック増幅**は逆に強化される．TRPチャネル群の協調的な作用の結果として，ショウジョウバエ聴覚器の音感度は厳密に制御されているのである．ショウジョウバエの聴覚を担う**メカノトランスデューサー**（mechanotransducer）としては，このNompCチャネル，もしくはNan/Iav複合体が機能する可能性が，それぞれ別々の研究グループから提唱されている．図3.9に，これらのTRPチャネル群の機能モデルの例を紹介する．この図は，NompCチャネルがショウジョウバエの聴覚を担

■ 3 章　ショウジョウバエの行動分子遺伝学

うメカノトランスデューサー（mechanotransducer）であり，Nan や Iav は
メカノトランスデューサーの下流で過剰な振動増幅を抑制する機能を担う，
というモデルを示している．なお，重力・風受容細胞の応答は NompC チャ
ネルを介さないことが示唆されている．

　では，音と同じ感覚器（ジョンストン器官）で受け取られる重力情報は，
どのような分子機構で受容されているのだろうか．さまざまな TRP チャネ
ルの遺伝子変異体を利用した研究から，TRPV チャネル Nan, Iav が，音に加
えて重力に対する応答に必要であることがわかった．また，TRPA チャネル
である **Painless**（Pain），**Pyrexia**（Pyx）は音への応答には関わっておらず，

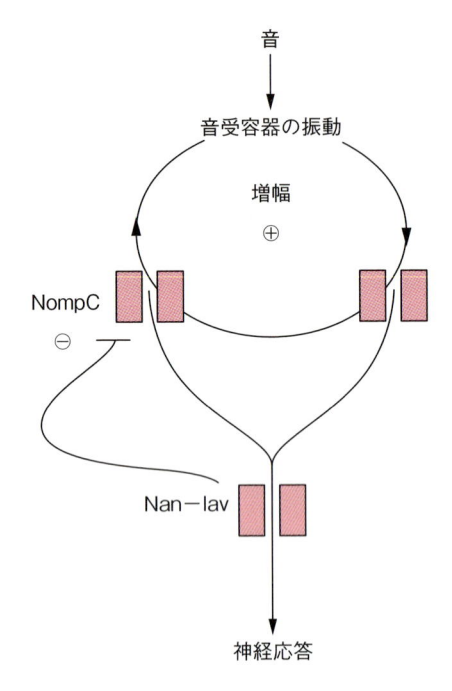

図 3.9　ショウジョウバエの聴覚器における TRP チャネル群の機能モデル
　音により引き起こされた音受容器の振動は，ジョンストン神経に内在する
正のフィードバック機構により増幅される．NompC はこの増幅に必要で
あり，その下流に位置する Nan と Iav は NompC に依存した増幅を負に制
御するとともに神経応答を引き起こす，という仮説が提案されている（Lu
et al., 2009 を改変）．

重力応答のみに関わることがわかった．ジョンストン器官での音受容細胞と重力受容細胞の機能分担は，異なる組合せの TRP チャネルにより達成されているのである．

　TRPP サブファミリーに属する TRP チャネルをコードする *brv1* 遺伝子は，温度の低下に応じた行動に必要である．この遺伝子は触角にある温度受容体で機能する．一方で *pain* によってコードされる TRPA チャネルは，温度上昇，激しい機械刺激や刺激性の化学物質（わさびの辛み成分であるイソチオシアネートなど）といった，**侵害刺激**の受容に関わる．同じく TRPA サブファミリーに属する TRPA1 と Pyx は温度上昇によって活性化されるチャネルであり，温度上昇に対して適切に応答するために必要である．このように，温度に対する応答も TRP チャネルの組合せで決まっているのである．なお，TRPA1 はイソチオシアネートなど刺激性のある化学物質の受容にも関わっている．

　では，刺激性のある化学物質と無害な温度上昇の両方に応答する **TRPA1 チャネル**由来のシグナルは，どのように識別されるのだろうか．2012 年に，ショウジョウバエの化学感覚神経は温度感受性の低い TRPA1 アイソフォームを発現していることが発見された．TRPA1（A），TRPA1（B）と名づけられたそれぞれの**アイソフォーム**は互いに異なる N 末端をもつが，アンキリンリピートと呼ばれる反復アミノ酸配列からなる構造や膜貫通ドメインは同一である（図 3.10）．また，これらは発現部位も異なっており，温度感受性の低いアイソフォームである TRPA1（A）は化学受容器である口吻に，温度感受性をもつアイソフォームである TRPA1（B）は温度受容器をもつ頭部に発現している．さらに温度感受性をもつ TRPA1 アイソフォームを化学感覚神経で異所的に発現させると，無害な温度上昇に対してショウジョウバエはあたかも刺激性のある化学物質を受け取ったような行動をとるようになる．このようにショウジョウバエは，TRPA1 遺伝子のアイソフォームとその発現部位を調節することで，同じ遺伝子を使って異なる感覚を識別しているのである．

　TRP チャネルは**湿度**に対する応答も担う．*water witch*（*wtrw*）遺伝子に

■3章　ショウジョウバエの行動分子遺伝学

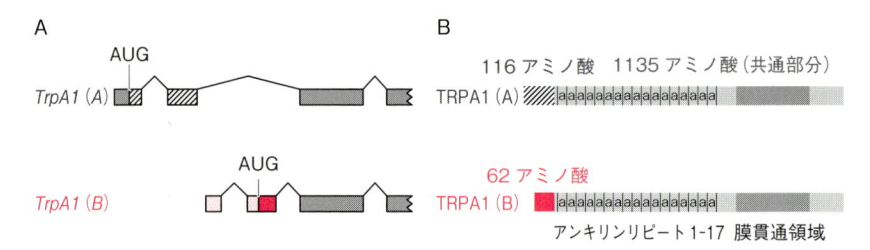

図3.10　TRPA1のアイソフォームの多様性
（A）TrpA1遺伝子の構造．（B）TRPA1タンパク質の構造．斜線と赤で，それぞれのアイソフォームに特異的な領域を示す．灰色部分は共通な領域を示す．共通な領域には，アンキリンリピートと膜貫通領域をもつ（Kang *et al.*, 2012を改変）．

よりコードされるTRPAチャネルは，湿った空気を検知する湿度受容体で機能している．一方で，乾いた空気の検知にはTRPVチャネルである**Nan**が関与する．これらのチャネルを発現する触角先端部の感覚神経が湿度情報を受け取り，脳へその情報を伝えるのである．

3.7　非連合学習

行動可塑性の一種である**慣れ**（habituation，**馴化**）は，特定の感覚刺激がくり返し提示されることにより生じる非連合学習の一種である．たとえばショウジョウバエは，急に暗くなったり物体が近づいてきたり，といった動きのある視覚刺激をうけると，ジャンプして飛び立つ，という逃避行動を起こす．この逃避行動を引き起こす**Giant fiber**と呼ばれる神経の応答は，くり返し同じ刺激を与えることで徐々に起こらなくなる．また，前脚の味覚受容器に砂糖水を与えたハエは，口吻を伸ばすという反射（PER, proboscis extension reflex）を示す．この反射も，くり返し刺激により馴化する．

では，このような馴化はどのような分子機構で生じるのだろうか．例として，**嗅覚馴化**の分子機構を紹介する．酢酸エチルや二酸化炭素といった忌避物質に持続的にさらされ続けたショウジョウバエは，その物質に対する忌避行動が低下する．この忌避行動の低下は匂い物質特異的に起こり，他の忌避物質に対する応答性は保たれる．**カルシウム感受性アデニル酸シクラーゼ**を

コードする *rutabaga*（*rut*）遺伝子の変異体では，この馴化が起こらなくなるが，一次嗅覚中枢に投射する抑制性の局所介在神経で *rut* の発現を回復させると，嗅覚馴化も回復する．さらに，嗅覚情報を脳の高次領域へと伝達する嗅覚投射神経において，局所介在神経が放出する抑制性の神経伝達物質 GABA の受容体の発現を抑制すると，嗅覚馴化が阻害される．一方で，嗅覚投射神経で発現する **NMDA 受容体**も，匂い物質特異的な嗅覚馴化に必要である．酢酸エチルの情報を伝える嗅覚投射神経で NMDA 受容体を抑制すると酢酸エチルに対する嗅覚馴化が，二酸化炭素の情報を伝える嗅覚投射神経で NMDA 受容体を抑制すると二酸化炭素に対する嗅覚馴化がそれぞれ特異的に阻害されるのである．これらの実験結果から，Rut の経路を介した嗅覚順応の分子機構が提唱されている（図 3.11）．

　ショウジョウバエが示すこのような嗅覚馴化は，短期間しか持続しないも

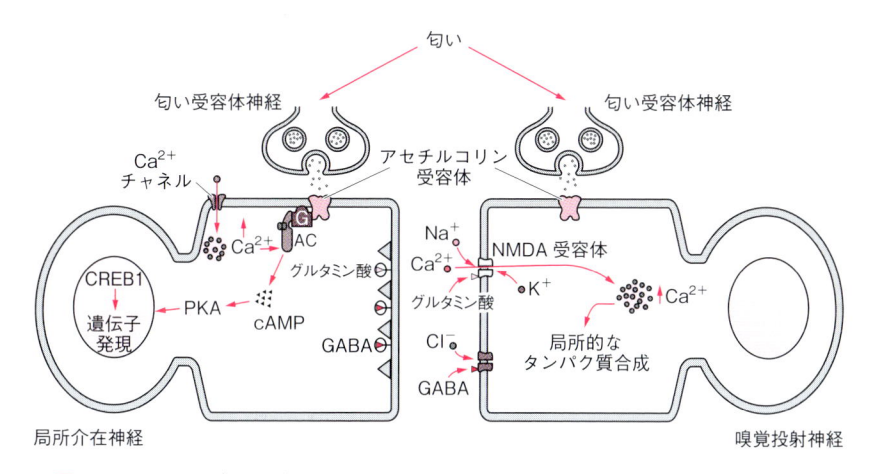

図 3.11　ショウジョウバエにおける嗅覚馴化の分子機構モデル
匂い受容体神経によって受け取られた匂いの情報は脳に伝わり，一次嗅覚中枢である触角葉において局所介在神経や嗅覚投射神経に伝達される．特定の匂いにさらされ続けると，一次嗅覚中枢の局所介在神経の活性化がくり返される．それにより，G タンパク質（G）を介してカルシウム感受性アデニル酸シクラーゼ（AC）である Rut の経路が活性化される．また，局所介在神経から放出された神経伝達物質 GABA が嗅覚投射神経の GABA 受容体に作用する．これにより特定の匂いの情報を上位脳へ伝える嗅覚投射神経の応答性が弱まることで，忌避行動が低下すると考えられている（Granzman, 2011 を改変）．

のと，長期に渡って持続するものに分けることができる．短期の馴化は30分程度の忌避物質への曝露により誘導され，その半減期は20分程度と短い．一方で4日間もの長期に渡って忌避物質にさらし続けると，数日間にわたって忌避行動が低下する．前章のコラム「神経生理のモデル生物アメフラシ」にて，このような記憶の固定化には **CREB** と呼ばれる転写因子が関わっていることを紹介した．CREB の阻害型アイソフォームを発現させる，といった実験から，ショウジョウバエの嗅覚馴化においても，長期の嗅覚馴化の形成には CREB の機能発現が必要であることがわかった．局所介在神経での CREB を介した新たな遺伝子発現により，長期馴化の形成が調節されているのである．

3.8　匂いの連合学習と記憶

ショウジョウバエは，異なる感覚刺激を組み合わせて覚えることができる．たとえば特定の匂いと電気ショックを組み合わせて訓練すると，その匂いを避けるようになる．逆に，特定の匂いと砂糖水などの報酬刺激を**連合学習**させると，その匂いに寄って行くようになる．この記憶の持続時間は訓練の仕方によって異なっており，数時間しか持続しないものや数日に渡って持続するものなど，いくつかのタイプに分類できる（図 3.12）．数時間しか持続しない記憶は**短期記憶**や**中期記憶**と呼ばれている．これらの記憶は一回訓練するだけで形成され，タンパク質合成を必要としない．一方で数日に渡って持続する記憶は**長期記憶**，**後期長期記憶**からなる．これらの記憶は空腹状態で訓練したり間隔をおいて訓練をくり返すことで形成され，タンパク質合成を必要とする．1976 年にベンザーらが初めて，匂いと電気ショックの連合学習が行えない遺伝子変異体 *dunce*（*dnc*）を同定した．この発見が発端となり，嗅覚記憶が形成されるメカニズムの解明が進んだ．まず原因遺伝子のクローニングにより，*dnc* 遺伝子は **cAMP ホスホジエステラーゼ**をコードすることが判明した．また，カルシウム感受性アデニル酸シクラーゼをコードする *rut* の変異体も，同様の嗅覚連合学習や記憶の異常を示した．このカルシウム感受性アデニル酸シクラーゼが活性化すると cAMP 濃度が局所的に増加

3.8 匂いの連合学習と記憶

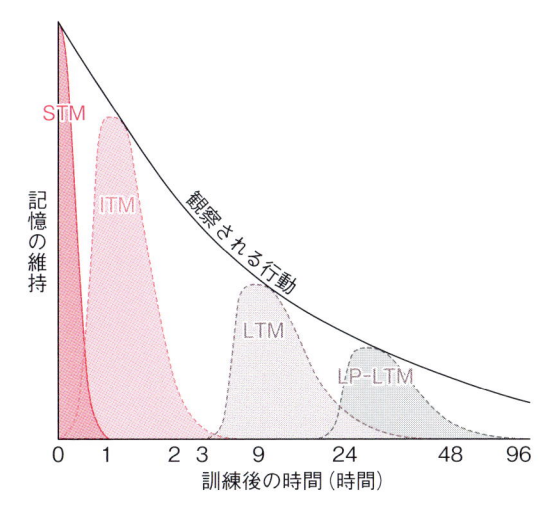

図 3.12 嗅覚記憶形成の時系列
短期記憶（short-term memory, STM），中期記憶（intermediate-term memory, ITM），長期記憶（long-term memory, LTM），後期長期記憶（late-phase long-term memory, LP-LTM）からなると考えられている．それぞれの過程において，固有の細胞内変化が観察される（Davis, 2011 を改変）．

し，cAMP 依存性プロテインキナーゼ A（PKA）が活性化される．PKA の主要な触媒サブユニットである DCO の活性を遺伝学的に操作すると嗅覚記憶に障害が起こり，さらに Rut, Dnc, DCO タンパク質はすべて，昆虫脳の記憶中枢とされる**キノコ体**で高発現していた．キノコ体における **cAMP／PKA** を介した情報伝達経路が，ショウジョウバエの嗅覚記憶を形成するための分子基盤として重要なのである．さらに，キノコ体の介在神経である**ケニヨン細胞**で活性型の $G\alpha$ タンパク質を発現させると嗅覚学習が消失する．このことから，ケニヨン細胞における **G タンパク質**を介した情報伝達経路が重要だと考えられている．その他，α インテグリンをコードする *volado* や，神経接着因子をコードする *fasciclin II* などのさまざまな遺伝子がキノコ体で高発現し，かつ嗅覚学習や記憶に必要であることがわかってきている．

では，このような長期記憶の形成に必要な新規タンパク質は，どこでどの

ように合成されているのだろうか．短期記憶が長期記憶に変換される過程は，転写因子 CREB が制御している．2012 年に，この長期記憶形成に必要な CREB による転写は，従来想定されていたキノコ体だけではなく，キノコ体の傘の部分に神経線維を伸ばす **DAL 神経**と呼ばれる一対の神経でも起こっていることがわかった．DAL 神経では，長期記憶を引き起こすような訓練を行うと，CREB によりカルシウム・カルモジュリン依存性プロテインキナーゼ II（*CaMKII*）遺伝子や *per* 遺伝子が転写される．キノコ体において獲得された長期記憶が DAL 神経に伝わることで CREB を介して固定化，貯蔵され，記憶を思い出すときに再度キノコ体に伝達される，というキノコ体と DAL 神経の**フィードバックループモデル**が提唱されている．

cAMP 情報伝達経路を介さない嗅覚連合学習の経路も発見されている．**セリン・スレオニンキナーゼ**の一種であるカゼインキナーゼ Iγ をコードする *gilgamesh*（*gish*）遺伝子の変異体では，短期記憶の形成が著しく低下する．この *gish* 変異と *rut* 変異には遺伝的相互作用が見られないことから，このカゼインキナーゼ Iγ を介した経路は，*rut* に依存した cAMP 情報伝達経路とは独立の記憶形成経路を形成していることがわかった．匂いの連合学習は，複数の情報伝達経路により制御されているのである．

3.9　配偶行動を制御する分子機構

昆虫における**性決定**は，性ホルモンの影響を強く受けるヒトのそれとは異なっており，それぞれの細胞が自身の染色体の組成により自律的に決定している．ショウジョウバエでは，性染色体である X 染色体と常染色体群の量の比で，雌雄を決定する一連の遺伝子発現カスケードが制御される．雄で特異的に発現する転写因子である **Fruitless**（Fru）はこのカスケードに属しており，主に脳の性決定を担う．この雄特異型 Fru タンパク質である **Fru^M** は雄の脳の 1,000 個ほどの神経細胞で発現しており，これらの神経は雄の求愛行動を制御することが知られている．この Fru^M を雌の脳で発現させると，雄が示すような性行動をとる．Fru^M の発現が，雄の性行動を引き起こすための必要十分条件なのである．近年，脳において *fru* 遺伝子を発現する神経

3.9 配偶行動を制御する分子機構

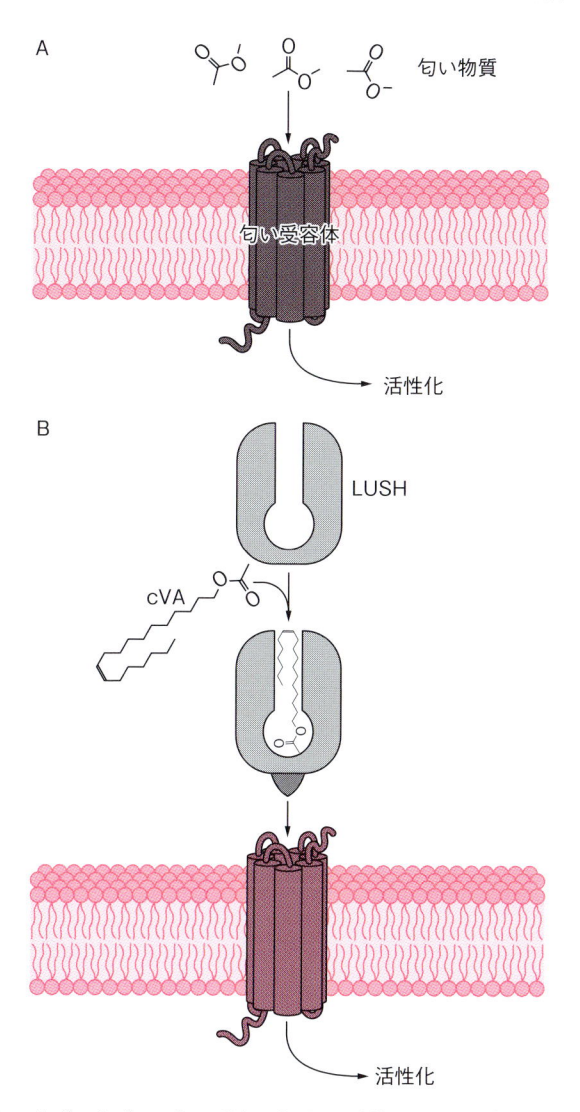

図 3.13　ショウジョウバエの匂い受容における 2 種類のメカニズム
（A）多くの揮発性化合物は匂い受容体を直接活性化すると考えられている．それにより，匂い受容体神経の脱分極が引き起こされる．（B）一方で，ショウジョウバエのフェロモン分子である cVA は受容体を直接活性化せず，匂い分子結合タンパク質である LUSH を必要とする．LUSH は cVA と結合することで立体構造が変化し，フェロモン受容体との結合能を獲得する（Stowers & Logan, 2008 を改変）．

■3章　ショウジョウバエの行動分子遺伝学

回路の体系的な同定解析が進み，求愛行動を開始するためのスイッチとしてはたらく**P1神経**と呼ばれる神経群が同定された．P1神経群は雄に特異的に存在し，雌の腹部に触れることによって興奮することもわかった．

　ショウジョウバエの配偶行動には，たくさんのフェロモン分子が関わっている．中でも解析が進んでいるのは，雄特異的なフェロモンである**11-シス-バクセン酸アセテート**（11-*cis*-vaccenyl acetate, **cVA**）である．cVAは受容体Or67dを介して作用し，雄に対して，(1) 求愛行動の抑制，(2) 雄同士の攻撃促進，という効果をもつ．興味深いことに，cVAは単独ではOr67d受容体を活性化せず，その情報伝達には**匂い分子結合タンパク質**を必要とすることがわかってきた．まず細胞外において，cVAと分泌性の匂い分子結合タンパク質である**LUSH**が結合し，それにより構造が変化したLUSHがリガンドとなり，フェロモン応答性の感覚神経を興奮させるのである（図3.13）．ショウジョウバエの大部分の匂い受容体は匂い分子によって直接活性化されるが，一部はこのように結合タンパク質を介して活性化されるようである．

　イオンチャネル型受容体に属するIr84aは，Fru^{M}を発現する匂い感覚神経で発現している．この受容体は果物などの食べ物に含まれる匂い成分であるフェニル酢酸やフェニルアセトアルデヒドを受容することで，食べ物源や産卵場所の決定に関わることがわかっている．近年，このIr84aが雄の求愛行動の制御も担っていることが発見された．食べ物の匂いにより活性化されたIr84aにより雄の求愛行動も活性化するのである．ショウジョウバエの配偶行動は，餌が近くにあるときにより起こりやすくなる，といった進化を遂げてきたのかもしれない．

3.10　二酸化炭素に対する逃避行動の制御

　二酸化炭素はショウジョウバエが激しい揺れや電気刺激などのストレスにさらされることで放出する忌避刺激であり，ショウジョウバエはこの二酸化炭素の匂いを触角の感覚神経で受け取り，ただちに逃避行動を開始する．一方で，二酸化炭素は熟した果実や発酵した酵母など，ハエが好む食べ物からも放出される．これらの食べ物に対しては，ハエは誘引されて近づく．この

ように，異なる状況で放出された二酸化炭素に対して，ハエはどのようにしてとるべき行動を決めているのだろうか．2009 年に，食べ物に含まれる匂い分子である 1-ヘキサノールや 2,3-ブタンジオンが，Gr21a/Gr63a ヘテロ複合体からなる**二酸化炭素受容体**に作用することが発見された．このような食べ物の匂いにあらかじめさらされることにより，二酸化炭素を受容する感覚神経の応答が抑制され，逃避行動が抑えられるのである．

3.11 概日リズム

ヒトを含めた哺乳類と同様に，ショウジョウバエの行動の多くは**概日リズム**による制御を受ける．たとえばショウジョウバエの蛹は，ほとんどが明け方に羽化する．このような制御は，どのような分子機構で制御されているのだろうか．1971 年にベンザーらは，EMS を使って遺伝子変異を起こさせたショウジョウバエのスクリーニングにより，通常 24 時間周期であるショウジョウバエの概日リズム（羽化のリズムや運動性の周期）が大幅に変化する 3 種類の行動変異体を発見した．これが，初めて発見された概日リズムの変異体である．さらにこの変異体の原因遺伝子がゲノム上のどの位置にあるかをマッピングすることで概日リズムを構成する遺伝子を発見し，*period*（*per*）と名づけた．この *per* と，その後に発見された *timeless*（*tim*）遺伝子は時計遺伝子と呼ばれ，概日時計を制御する遺伝子としてはたらく．

では，どのようなしくみで周期的なリズムがつくられるのであろうか．その中心を担うのは，**PER/TIM 複合体**を中心とした負の転写フィードバックループである（図 3.14A）．時計遺伝子である *per* や *tim*，さらにその他の概日リズムに従った行動の制御に関わる遺伝子は，ゲノムの上流に転写因子である **CLOCK**（CLK）と **CYCLE**（CYC）が結合する配列である「E-box」をもつ．**CLK/CYC 複合体**により，*per* や *tim* の遺伝子発現が開始されるのである．一方で，PER, TIM, CLK タンパク質の活性や安定性は，**DOUBLETIME**（DBT）などの一連の酵素群によるリン酸化を介して制御される．TIM は PER と複合体を形成することで，PER をプロテオソームによる分解から保護している．DBT と結合した PER/TIM 複合体は日周期に沿って細胞質から核内に

■ 3章　ショウジョウバエの行動分子遺伝学

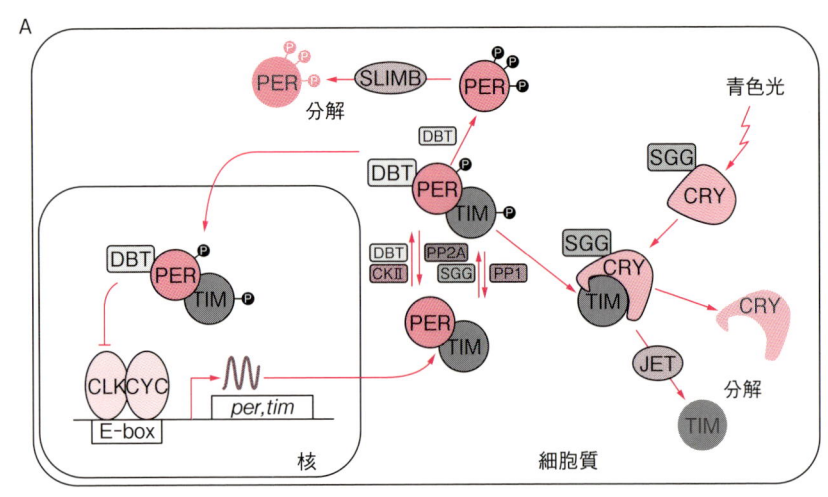

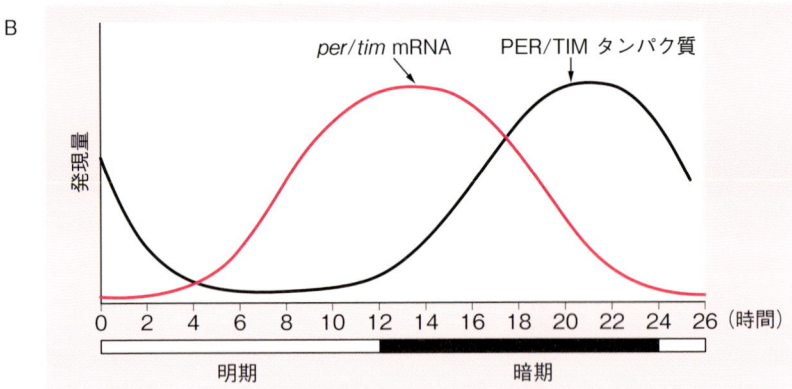

図3.14　ショウジョウバエ概日リズムのペースメーカー
(A) PER，TIM，CLK の活性や安定性は，一連の酵素群によるリン酸化を介して制御される．リン酸化により，PER/TIM 複合体の核内移行のタイミングは制御される．中でも，リン酸化酵素 DOUBLETIME（DBT）は特に重要な役目を担っている．DBT は PER/TIM 複合体のリン酸化を制御し，PER/TIM 複合体と一緒に核内に移行することで CLK の活性を制御する．その他，カゼインキナーゼ II（CKII）やプロテインフォスファターゼ 2A（PP2A）などが PER のリン酸化制御に関与する．一方で TIM のリン酸化はリン酸化酵素 SHAGGY/GSK3β（SGG）とプロテインフォスファターゼ 1（PP1）が制御する．P はリン酸化を示す（Dubruille & Emery, 2008 を改変）．(B) PER/TIM の発現の日周変動．*per* と *tim* の mRNA の発現量は明期に徐々に増加する．これに従い，PER/TIM のタンパク質量も増加して暗期に最大になり，核内に移行する（Nitabach & Taghert, 2008 を改変）．

移行し，CLK/CYC 転写因子に結合することでその活性を阻害する．これにより，*per* や *tim* それ自体の発現も抑制されるため，PER/TIM 複合体の量が低下する．このようなループ構造をもつシステムにより，ショウジョウバエの概日リズムが制御されているのである．実際，PER と TIM の発現量は 24 時間周期で変動することが確認されており，その mRNA は日中に，そのタンパク質は夜に増加する（図 3.14B）．さらに，このような制御システムは進化的に保存されており，哺乳類においても PER, DBT, CLK, CYC のホモログタンパク質が存在し，哺乳類の概日リズム制御の中心的役割を担っている．

　概日リズムは自発的に約 24 時間周期で振動するが，外界の昼夜リズムと同期させるためには，生体内の概日リズムを外界環境によって調節する必要がある．では生物は，どのようなしくみで外界のリズムを自らのリズムに反映させているのだろうか．ショウジョウバエなど多くの生き物においては，明暗周期と温度周期が主な決定要素である．その他，食べ物や社会的相互作用によっても調節を受ける．主要な外界要因である光は，脳内の**時計神経**（clock neuron）と呼ばれる，*per* や *tim* などの時計遺伝子を発現する一連の神経細胞群で直接受け取られる．これらの時計神経は**ペースメーカー**としてはたらく神経細胞であり，青色光感光色素である **cryptochrome**（CRY）を発現する．この CRY は青色光を吸収すると構造が変化し，TIM と結合する．これにより，TIM は PER と解離し，TIM，PER ともにプロテオソームによる分解を受ける．概日リズムのペースメーカーがリセットされるのである．CRY はこのように細胞内の光受容体としてはたらき，多くの組織における概日リズムを同調させるはたらきをしている．また，光刺激は複眼の**ロドプシン**を介した経路や視葉内部の H-B eyelet と呼ばれる光受容器によっても受け取られて，神経投射を介して時計神経に伝わり，概日リズムを調節する．

　グルタミン酸，および Pigment-dispersing factor（PDF），**ニューロペプチド F**（NPF），**ニューロペプチド前駆体様タンパク質 1**（NPLP1）と呼ばれる 3 種類の**神経ペプチド**が，ショウジョウバエの概日リズムの制御に関与するシグナル分子の候補だと考えられている．これらの分子はそれぞれ異な

る種類の時計神経で発現している．このうち PDF は，脳の中のおよそ 16 個の神経細胞などで発現し，体内の概日リズムを司るさまざまなペースメーカーの協調を制御する神経修飾物質（neuromodulator）として機能すると考えられている．**PDF 受容体**は G タンパク質共役受容体であり，脳内部の **Pars Intercerebralis** と呼ばれる神経内分泌を担う領域で発現する．NPF は脊椎動物のニューロペプチド Y ファミリーと構造的に似たペプチドであり，雄の脳の中の 3 個の神経細胞で発現する．雌ではこの発現は見られないことから，雄が特徴的に示す概日リズムに沿った行動の制御に関わる可能性が考えられている．NPLP1 は **IPN アミド**や **MTY アミド**といったいくつかのペプチド分子の前駆体であると予想されており，時計神経の一種である DN1 クラスターと呼ばれる細胞集団の一部で発現する．

<u>3.12　ショウジョウバエの睡眠と覚醒</u>

睡眠は動物界において広く観察される生理現象であるが，その機能的な意義はあまりよくわかっていない．2000 年に，ショウジョウバエも睡眠に類似した行動をもつことが報告された．ショウジョウバエの睡眠は，私たち哺乳類の睡眠と同様に，(1) 一定時間以上，活動を停止して動かない状態になる，(2) さらにそのときに振動や音などといった外部からの刺激に対して反応性が低下（閾値が上昇）する，(3) 概日リズムによって制御される，(4) 覚醒していた時間が長いほど，その後の睡眠量が増える，という特徴をもつ．また，脳波の状態も睡眠覚醒状態と相関して変化する．

ショウジョウバエは**昼行性**であり，主に夜に眠る．このようなショウジョウバエの活動の様子を**赤外線**で測定する，という実験装置が開発された．これを利用することで，ショウジョウバエが静止している時間を記録することができる．この装置では，ハエを細い管に入れて，管の中央部に赤外線のビームを当てる．ハエがこの中央部分を横切るとセンサーがそれを検知して記録する．この装置を利用することで，睡眠のパターンに異常を示す一連のショウジョウバエ変異体群が同定された．その中の 1 つである *minisleep* は，短睡眠になるショウジョウバエ変異体として発見された．その原因遺伝

子 *Shaker*（*Sh*）は**電位依存性カリウムチャネル**のαサブユニットをコードしており，その後，その哺乳類オーソログである Kv1.2 を欠損させたマウスも，短睡眠という表現型を示すことがわかった．なお，Sh カリウムチャネルの制御サブユニットであるβサブユニットをコードする *Hyperkinetic*（*Hk*）の機能が欠損したショウジョウバエも，同じ様に短睡眠になる．Sh チャネルにより生じる電流は，神経細胞の膜の再分極と神経伝達物質の放出に主要な役割を果たしている．神経興奮という神経に共通な機能が，睡眠を司る神経系ではとくに重要なはたらきをもつのかも知れない．

別の短睡眠になる変異体として発見された *sleepless*（*sss*）の原因遺伝子は，**Ly–6/neurotoxin スーパーファミリー**に属するグリコシル・ホスファチジルイノシトール・アンカー型の膜タンパク質をコードする．Ly–6/neurotoxin スーパーファミリーは分泌性のシグナル分子や受容体，さらにはさまざまなイオンチャネルに結合してその活性を調節するヘビの神経毒類など多様なタンパク質を含むファミリーである．SSS は，**Sh カリウムチャネル**の局在と活性を制御しており，*sss* 変異体では Sh の量が減少する．逆に Sh を欠損すると SSS の量が減る．これら 2 つのタンパク質はお互いの安定化に必要なようである．

fumin（*fmn*）変異体は，同様の赤外線ビームを利用した行動解析により発見された，睡眠量が減少する変異体である．この変異体を睡眠中に刺激すると，野生型のハエよりも敏感に反応するため，*fumin* 変異体はその眠りも浅いことがわかった．その原因遺伝子である *fumin* 遺伝子は，**ドーパミン・トランスポーター**（DAT）をコードする．DAT はドーパミン作動性神経に発現して，放出されたドーパミンの再取り込みを行う．*fumin* 変異体ではこの再取り込みがうまく行われず，ドーパミンの作用が増強していると考えられている．ヒトを含めた哺乳類と同様に，ショウジョウバエでもドーパミンが覚醒制御を担っているのである．

〈上川内あづさ〉

コラム 3 章 ①
蛍光カルシウム指示タンパク質を用いた神経活動の解析法

　イメージング技術の進歩により，細胞の形態だけでなく発生過程での動きや神経活動までも，生きたままの状態で観測できるようになった．しかし生体組織の中は多様な細胞が密集しているため，in vivo イメージングには標本の中から特定の細胞の情報のみを抽出するさまざまな工夫が必要になる．線虫やショウジョウバエなどといった実験動物では，**分子遺伝学**を利用して特定の細胞のみを遺伝的に標識できるため，目的の細胞を「視覚的に単離」して観測することが可能である．近年，この方法を使って，特定の神経細胞の活動を**蛍光タンパク質**で可視化する，といった研究が盛んに行われるようになってきた．中でも，カルシウムイオン濃度の変動を検出するために人工的につくられた遺伝子によってコードされる**カルシウム指示タンパク質**（Genetically encoded Ca^{2+} indicator, **GECI**）は，特定の神経集団の活動を遺伝学的に可視化するためによく使われている．GECI は，カルモジュリンやトロポニン C などのカルシウムイオンと結合するドメインと，eGFP（蛍光強化型緑色蛍光タンパク質）を改変して得られた蛍光タンパク質を融合させたカルシウムセンサーであり，**GCaMP** など単一の発色団からなるセンサーと**カメレオン**など二つの発色団からなるセンサーとに大別される（図 3.15）．カメレオンとは，eCFP（蛍光強化型青色蛍光タンパク質），eYFP（蛍光強化型黄色蛍光タンパク質），カルモジュリン，M13 ペプチドからなるタンパク質であり，eCFP と eYFP との間の**光エネルギー遷移**（FRET）を測定することで，カルシウム濃度の変動を測ることができる．

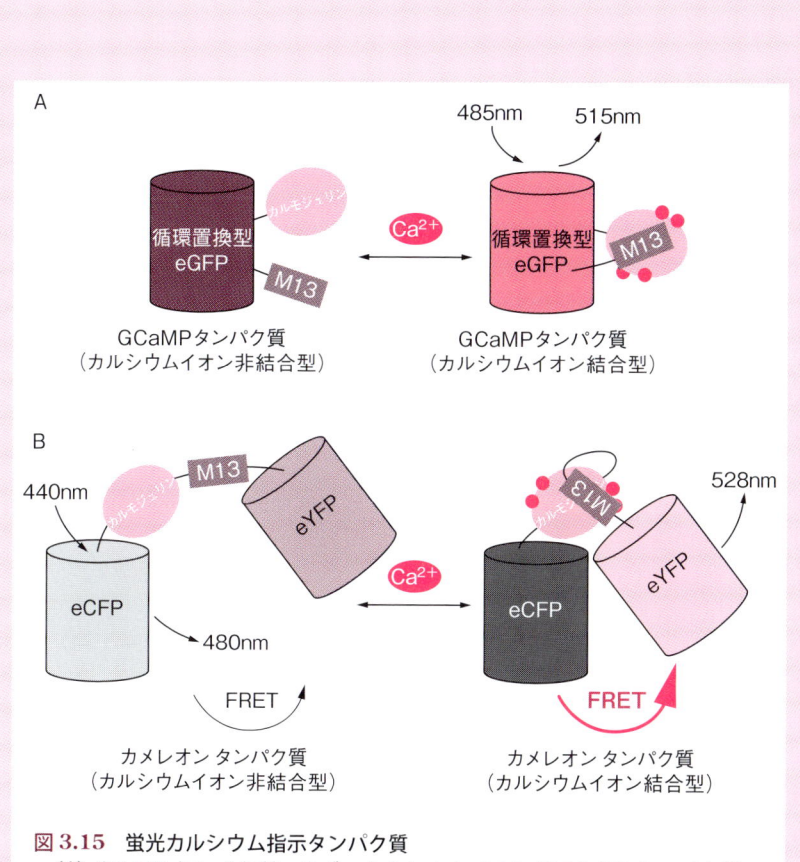

コラム　蛍光カルシウム指示タンパク質を用いた神経活動の解析法■

図3.15　蛍光カルシウム指示タンパク質
（A）GCaMPタンパク質．まず，カルシウムイオンがGCaMPタンパク質のもつカルモジュリンドメインに結合する．これを受けてミオシン軽鎖由来のM13ペプチドがカルシウムイオン結合型のカルモジュリンドメインと結合し，タンパク質の構造変化が起こる．これにより，改変されたeGFP（循環置換型eGFP）の蛍光強度が増加する．（B）カメレオンタンパク質．カルシウムイオンがカルモジュリンドメインに結合すると，同様にタンパク質の構造が変化する．これにより，蛍光共鳴エネルギー移動（Förster resonance energy transfer, FRET）の効率が変化し，FRETのドナーであるeCFPの蛍光は減少し，アクセプターであるeYFPの蛍光強度が増加する（Hires *et al*., 2008を改変）．

■ 3 章　ショウジョウバエの行動分子遺伝学

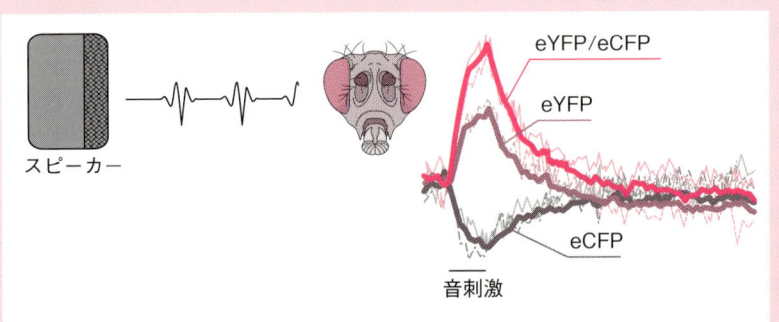

図 3.16　ショウジョウバエ聴感覚神経の音への応答
ジョンストン神経にカメレオンタンパク質を発現させ，スピーカーから再生した音に対する応答を蛍光イメージングで可視化した．右のグラフは eCFP と eYFP の蛍光強度変化および，eYFP と eCFP の蛍光強度比の変化を示す．細い線は刺激ごとの応答を，太い線は 5 回刺激した結果の平均を示す（Kamikouchi *et al*., 2010 を改変）．

　カメレオンを使ってショウジョウバエの聴覚器内部の感覚神経の活動を測定した様子を図 3.16 に示す．スピーカーを使った音刺激を開始すると **FRET 効率**が変化し，eCFP の蛍光強度の減少と eYFP の蛍光強度の増加が観察される．つまり，聴感覚神経細胞が興奮し，細胞内 Ca^{2+} 濃度が上昇したことがわかった．

（備考）**循環置換**（circular permutation）とは，タンパク質などがもつ本来の N，C 末端を人工的なリンカーで連結させ，そのタンパク質内の新たな部位に始点，終点をつくり出す変異のこと．

（上川内あづさ）

コラム3章 ②
モデル生物を用いたステロイドホルモンと記憶の分子生物学

　たとえば英単語を覚える時，何度もくり返し書き取ったり発音したり，語学の習得に苦労は絶えない．しかし，このような反復訓練の必要がなく，強固な記憶ができるとしたら受験勉強も随分と楽ではないだろうか．実際，長期に保たれる記憶の中には，反復訓練が必要ではないものがある．何か感情が揺さぶられるような，ショッキングな出来事に出くわした時，たとえば不幸にも交通事故に遭ったり，恋人からプロポーズを受けたりなど，ただの一度の経験であるにもかかわらず，その記憶は長く残る．このような記憶は「**情動記憶**」と呼ばれ，私たちヒトの他にも，多くの哺乳類に存在することがわかってきた．
　情動記憶の形成には，副腎皮質から分泌されるコルチゾールやグルココルチコイドなどのステロイドホルモンのはたらきが重要である．これら**ステロイドホルモン**は，動物がストレス環境下に置かれた時に分泌されるため，「**ストレスホルモン**」と総称される．複雑な脳のはたらきを調節するステロイドホルモンの作用を解明するためには，本章で取りあげたような単純な脳をもつ，線虫やショウジョウバエといったモデル生物を用いた研究が有効である．本コラムでは，ショウジョウバエを用いたステロイドホルモンの記憶行動研究の例を紹介しよう．
　エクダイソン（ecdysone，エクジソン）は，昆虫の代表的なステロイドホルモンである．このホルモンの分泌を止められた昆虫は，脱皮や変態が阻害され成虫になれない．そのため，エクダイソンは「脱皮ホルモン」の名で知られている．エクダイソンは，1940年に，福田宗一（当時片倉工業、後に名古屋大学）によってカイコ（*Bombyx mori*）の前胸腺から分泌される脱皮の促進物質として発見されて以来，今日まで昆虫の発生を制御するホルモンとして盛んに研究が行わ

れている．ショウジョウバエの突然変異体を用いた遺伝学的研究によって，エクダイソンの合成を担う酵素遺伝子群（幽霊やお化けの名が遺伝子につけられていて，Halloween genes，ハロウィン遺伝子群と呼ばれている）や受容体遺伝子が発見された．一方で，発生の完了したショウジョウバエの成虫体内のエクダイソン濃度は平均して約 10 pg mg^{-1} 程度で，蛹期（約 500 pg mg^{-1}）と比べて低い．この様に成虫の微量なエクダイソンには一体，どのようなはたらきがあるのだろうか？

2009 年に発表された研究で，ショウジョウバエの**失恋記憶行動**にエクダイソンが関与することが示された．ショウジョウバエは，記憶学習研究のモデル生物として多くの記憶関連遺伝子群の発見に貢献している．本章に登場した嗅覚や味覚の連合学習以外にも，ショウジョウバエを用いた，いろいろな記憶学習パラダイムがある．中でもショウジョウバエの求愛記憶は，いわば「**失恋記憶**」と呼べるだろう．交尾済みの雌は，新しい雄の求愛を拒否する．興味深いことに，求愛を拒否されて交尾に失敗した雄は，交尾のできる未交尾の雌が現れたとしても，求愛行動を一定の時間示さなくなる．これは，**経験依存的な求愛抑制**（experience dependent courtship suppression）と呼ばれる記憶行動の一種である．実際に，本章で紹介した *rut* や *dnc* といった記憶関連遺伝子の突然変異体は，失恋記憶が形成されない．つまり，何度ふられても，めげずに恋を求めるわけである．この失恋記憶の持続時間は，求愛しても交尾ができない経験時間に依存する．1 時間の経験で約 8〜24 時間，7 時間の経験で，なんと 5 日間も記憶が持続する．ショウジョウバエの寿命は長くて 60 日間なので，ヒトの寿命を 80 年とすると，約 7 年間も失恋の痛手を引きずっていることになる．

さて，ショウジョウバエの失恋後の体内エクダイソン濃度を調べてみたところ，平常時よりも上昇していた．さらに，エクダイソンの合成能力が低下した突然変異体 *DTS-3* は，失恋経験後にエクダイソン

濃度が上昇せず，失恋記憶も形成されなかった．この記憶異常は，不足しているエクダイソンを与えることで回復することから，失恋記憶の形成にエクダイソンが必要であることが明らかになった．

図3.17　ショウジョウバエの求愛行動
　性的に成熟したショウジョウバエの雄は，雌に対して特徴的な行動（求愛行動）を示す．この求愛行動は遺伝的に規定されているため，生まれて初めて雌を見た雄でもきちんと求愛できるのである．
　図の雄（左）は片方の翅を振動させて，雌に求愛歌を聞かせている．翅を除去されるなどして求愛歌を発することができない場合，交尾成功率は正常な雄の半分程度になる．芸達者な雄はモテるのだ．
　雌は，雄の求愛をはじめは拒否する（走って逃げたり，時には雄を蹴飛ばす！）が，求愛歌を聴くと性的受容度が上昇して交尾を受容する．一方で，交尾を経験した雌は，雄の求愛を受け入れない．この性的受容度の低下は，雄の精液に含まれるセックスペプチド（sex peptide）が雌の生殖器内部に入ることで生じる．雄には気の毒だが，このような交尾済みの雌を利用することで，雄の失恋記憶を調べることができる．

失恋経験が浅い（5時間の失恋経験）ハエは，5日間も失恋記憶が持続しないが，興味深いことに，正常なショウジョウバエにエクダイソンを投与して5時間の失恋経験をさせると，なんと5日間の失恋記憶が形成されたのである．つまり，不十分な学習経験であっても，エクダイソンが投与されることで強固な記憶が形成されたのである．この記憶の促進効果は，われわれ哺乳類動物のストレスホルモンの効果と類似している．ハエにも「**情動記憶**」があるのかもしれない．エクダイソン濃度の上昇は，長期記憶形成に必須の転写因子である**CREB**（2章コラム，3章参照）の活性化を促進することから，エクダイソンは記憶形成に必要な分子の発現タイミングを調節していると考えられる．

さて，エクダイソンのような効果を発揮する薬を作ると大ヒット間違いなし！と思うかもしれない．しかし，そうはうまくいかないのが世の常である．7時間の充分な失恋経験をしたショウジョウバエに，失恋の2日後，または4日後にエクダイソンを投与すると，5日後の失恋記憶が見られなくなったのである．どうやら，エクダイソンの体内濃度上昇は，記憶エピソードの文脈（コンテクスト）依存的に記憶を促進する効果があり，コンテクスト非依存的なエクダイソンは，記憶を抑制（または消去）してしまうと考えられる．

動物の行動を制御するエクダイソン研究は始まったばかりである．ショウジョウバエでは記憶の他にも，睡眠の制御にもエクダイソンが関与することが示されている．記憶と睡眠を結ぶ分子としてのはたらきも興味深い．また，働きバチの齢差分業にエクダイソンが関与するセイヨウミツバチ（*Apis mellifera*）でも，嗅覚連合学習にエクダイソンが必要であることが示された．モデル生物を利用したステロイドホルモンの行動制御研究の今後に期待が高まっている．

（名古屋大学　石元広志）

4章 小型魚類(ゼブラフィッシュとメダカ)の行動分子遺伝学

　分子遺伝学の実験動物として小型魚類では，ゼブラフィッシュとメダカの2種類が利用されている．

　ゼブラフィッシュ(*Danio rerio*)は体長4〜5 cmのインド原産の熱帯魚で，体表に美しい縦縞をもつことから，ゼブラ（シマウマ）の名がついている（図4.1）．ショウジョウバエや線虫と同様に遺伝学の**モデル生物**であり，1980年代から発生生物学の分野で広く用いられてきたが，近年脊椎動物の行動遺伝学のモデル生物としても脚光を浴びるようになった．ゼブラフィッシュは脊椎動物共通の脳構造をもち，視運動性反応，逃避反応などの単純な行動から，忌避フェロモンへの反応，学習，群れ行動（ショーリング）など多彩な行動を示す．また，稚魚はほぼ透明であり，生きたまま脳内の神経活動をイメージングすることが可能である．さらに哺乳類と比較して飼育コストが安く，個体を用いた大規模スクリーニングが可能であるという利点もある．

　このような利点を生かして，行動遺伝学分野ではゼブラフィッシュ稚魚の単純な遊泳行動や視覚行動に着目した先駆的な研究がある．一方で成体の行動を対象にした研究については，他のモデル生物（ショウジョウバエ，線虫）で実施されているような網羅的，包括的な解析はまだ実施されておらず，その端緒についたばかりである．本章ではゼブラフィッシュ稚魚を用いた先駆的な研究例と成体の行動に関する最先端のいくつかのトピックに触れ，行動遺伝学におけるゼブラフィッシュの魅力を紹介したい．

図4.1　ゼブラフィッシュ
撮影：塚原達也（東京大学）

■ 4 章　小型魚類（ゼブラフィッシュとメダカ）の行動分子遺伝学

　一方，**ニホンメダカ**（*Oryzias latipes*）は体長 3 〜 4 cm の日本原産の淡水魚である．目が比較的大きく，高い位置についていることから，目高（メダカ）と命名されている（図 4.2）．メダカは見た目が愛らしく，温度耐性が強く，野外で飼育可能であり，繁殖が容易であることから，江戸時代中期からペットとして飼われており，明治時代からは日本で実験動物として利用されている．現在ではゼブラフィッシュに並ぶ分子生物学のモデル生物となっており，発生学，遺伝学，生殖生物学の分野で広く用いられるようになった．後述するように，2014 年になって，メダカは高度な社会性行動を示すことがわかり，社会神経生物学の新しいモデル動物として急速に注目を集めている．

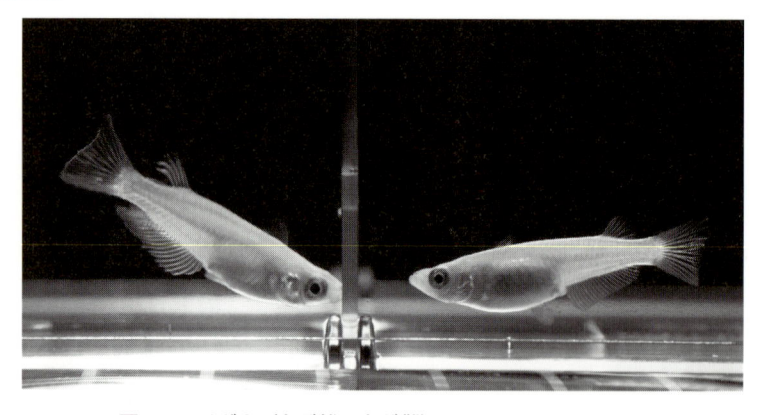

図 4.2　メダカ（左が雄，右が雌）
撮影：藤原英史（（株）ドキュメンタリーチャンネル）

4.1　モデル生物としての特徴・歴史

4.1.1　ゼブラフィッシュ

　1960 年代にオレゴン大学のジョージ・ストレイシンガー（George Streisinger）らは，発生を遺伝学的に解析できるモデル生物としてゼブラフィッシュに着目した．当時のモデル動物はマウスの他は，無脊椎動物であるショウジョウバエと線虫のみであった．ゼブラフィッシュを選択した理由は以下の 3 つであると考えられている．(1) 飼育，繁殖がとても容易である．

4.1 モデル生物としての特徴・歴史

体長が小さく，大量飼育が可能である．多産であり，1匹の雌から何百もの受精卵を得ることができる．省スペースで多くの個体を飼育できるため，大規模な遺伝学的解析が可能である．(2) 体外受精を行うため，受精のタイミングを制御できる．(3) 胚と幼魚が透明であり，発生過程の形態を観察できる．短期間に胚発生が進行する．受精後3日目にふ化し，5日目には採餌行動を開始する（図4.3）.

1980年代に，γ線処理や，化学変異原であるENU（N-エチル-N-ニトロソウレア）で処理する方法で，ゲノムにランダムに変異を導入する手法が確立された．そして，ショウジョウバエと同様に変異体の表現型を野生型と比較することで，胚発生に関わる遺伝子が同定された．1990年代に入ると，ショウジョウバエ研究者であったマックス・プランク生物学研究所のニュスライン＝フォルハルト（Christiane Nüsslein-Volhard）らは，ENUの溶液中で飼育することで雄精原細胞に効率よく変異を導入する手法を確立し，野生型の雌と掛け合わせることで，変異体を作製する手法を確立した（図4.4）．これにより，胚発生に異常をもつ変異体を大規模に検索し，4000を越える変異体を作出した．形態形成，器官形成，行動に異常をもつ変異体を多数同定し，1996年に，変異体表現型をまとめた37本の論文が1冊の特集号 Development 123巻1号に掲載された．

変異体の原因遺伝子を同定するために，ゼブラ

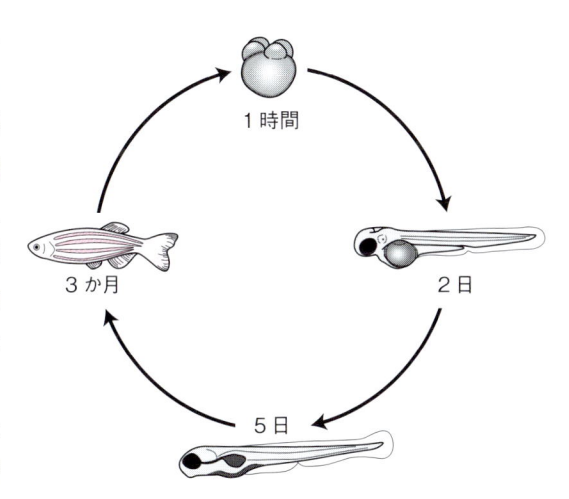

図4.3　ゼブラフィッシュの生活史
一回の交配で数百もの卵を採卵できる．受精後2日目には体の基本的な構造が出来上がり，受精後3日目にはふ化して，5日目には摂食行動，逃避行動を示す．約3か月で性成熟する（Guo, 2004を改変）．

■ 4章　小型魚類（ゼブラフィッシュとメダカ）の行動分子遺伝学

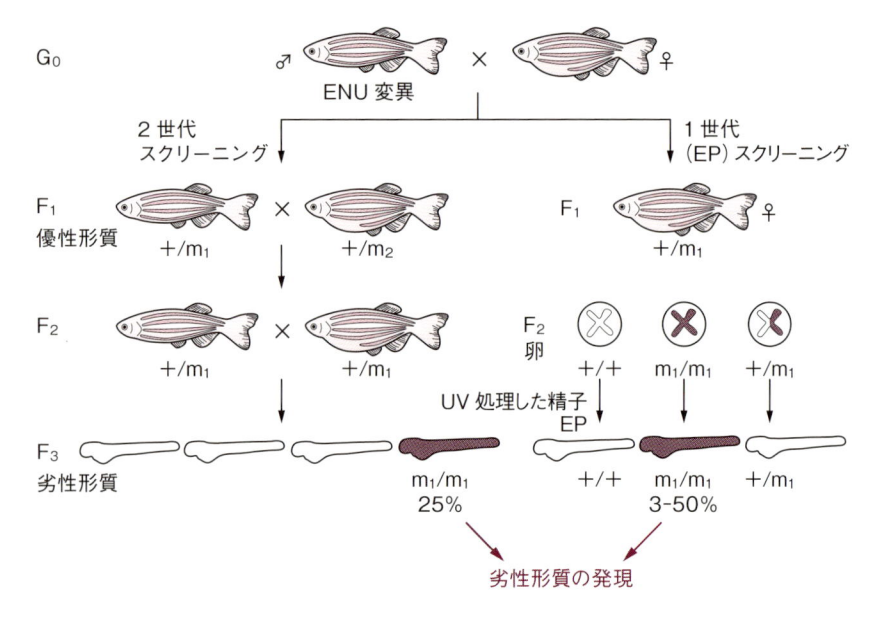

図4.4　順遺伝学的手法によるスクリーニング
雄のゲノムに ENU 処理して，野生型の雌と交配する (G_0)．F_1 世代ではヘテロになるので，優性形質を検索できる．F_3 世代で 25％の比率でホモが出現し，劣性形質を検索できる．また F_1 世代の雌から未受精卵を採卵し，UV 処理して不活性化した精子と受精させた直後に圧力を与えて減数分裂を阻害することで，雌の生殖細胞のみから二倍体の個体を発生させることが可能であり，F_2 世代でホモを得ることができる．これを Early Pressure (EP) 法という (Guo, 2004 を改変)．動画参照 (JoVE 英語)：http://goo.gl/WOc2wt　(Journal of Visualized Experiments (JoVE) は生物学／医学研究分野のビデオジャーナルで，実験プロトコールなどが動画で提供されている．閲覧するには所属している機関の図書館で購入契約が必要になる)

　フィッシュのゲノム解析も精力的に行われた．全ゲノムに対応する DNA マーカーが整備され，変異体から原因遺伝子の同定にいたるまでの道筋が作られ，筋収縮や神経発生に関わる遺伝子が同定された．一方で，レトロウイルスの挿入によって遺伝子機能を破壊する方法も開発され，挿入箇所を同定することで，変異箇所を同定することも可能になった．

　2011 年に，**ゲノム編集法**を用いて，特定ゲノム配列に *in vivo* で変異を導入することが可能になった．TALEN (**T**ranscription **A**ctivator-**L**ike **E**ffector

Nuclease）法においては，植物の病原細菌であるキサントモナスから発見されたDNA結合タンパク質（TALE）とDNA切断ドメインFokIを融合させた人工酵素を利用することで，任意の標的DNA配列を *in vivo* で切断することができる．2013年には，切断したい塩基配列を含むガイドRNAと原核生物の獲得免疫に関わるCas9タンパク質をコードするベクターを受精卵に注入するだけで *in vivo* でゲノム上の任意の配列を切断できる**CRISPR**（**Clustered Regularly Interspaced Short Palindromic Repeats**）**/Cas9法**が確立され，最短5日の作業で目的ゲノム配列に変異を入れることが可能になった（図4.5）．

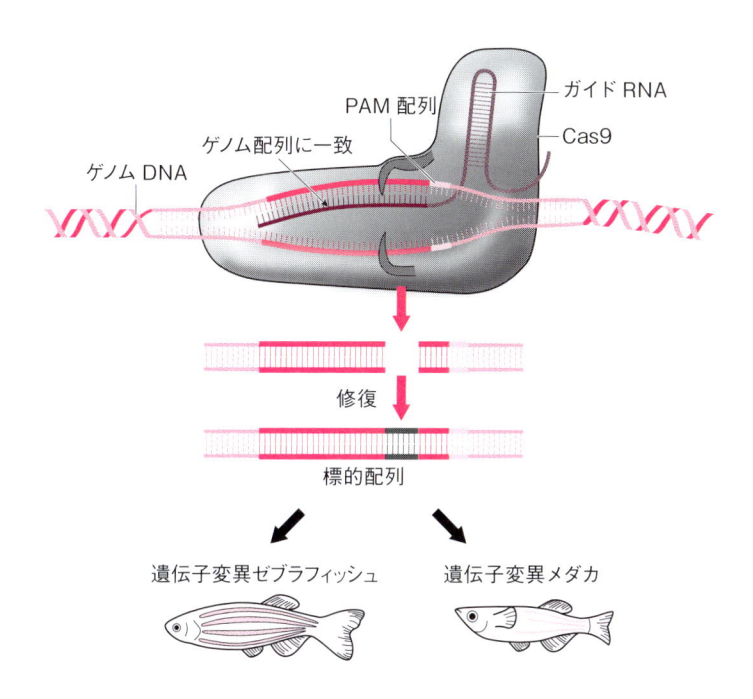

図4.5　CRISPR/Cas9法
細胞内でCas9タンパク質とガイドRNAベクターを共発現させるとPAM配列（NGG）をCas9が認識して，DNA二本鎖を解離させて，ガイドRNAによって標的配列を認識して二本鎖を切断する．標的配列は人為的にデザインできる．動画参照(YouTube)：http://goo.gl/MSNPpR

■ 4章　小型魚類（ゼブラフィッシュとメダカ）の行動分子遺伝学

4.1.2　メダカ

　メダカは小型で飼育が容易であることから，実験動物としてゼブラフィッシュと同じ利点をもつ．江戸時代からシロメダカなど**体色**に関する自然変異体系統が育種されている．1910年ごろ石川千代松・外山亀太郎（いずれも当時 東京帝国大学）は，メダカの体色の変異がメンデル遺伝に従うことを脊椎動物では世界に先駆けて証明した．また會田龍雄（当時 京都高等工芸学校）は，メダカのY染色体上には体色を決定する遺伝子があり（限性遺伝），その遺伝様式からメダカの**性決定システム**がXX-XY型であることを示した．その他にも，日本では現在までに，メダカを用いて発生や性決定に関して世界をリードする研究成果が得られている．2002年に松田 勝（宇都宮大学）らが脊椎動物で2番目となる雄性決定遺伝子（*DMY*）の同定に成功した．1950年代から富田英夫（当時 名古屋大学）によって100種類以上の自然突然変異系統が分離，保存されており，この富田コレクションを用いることで，1996年に古賀章彦（京都大学）らは脊椎動物初となる**トランスポゾン Tol2** を同定し，2001年に深町昌司（日本女子大学）らは体色決定に関わる遺伝子を同定した．

　近藤寿人（大阪大学），古谷-清木 誠（英国 バース大学）らによって胚発生に異常を示す変異体の大規模検索（近藤誘導分化プロジェクト）が実施され，2004年に変異体表現型をまとめた論文がMechanisms of Development 121巻の特集号に掲載された．現在，日本では合計500種類以上のメダカ変異体が分離，保存されており，基礎生物学研究所の**バイオリソースプロジェクト**によって管理されている．2007年に全ゲノムがほぼ解読され，遺伝子編集法や遺伝子導入法などの分子遺伝学的手法はゼブラフィッシュと同様に確立されている．

4.2　行動遺伝学のモデル生物としての小型魚類

4.2.1　ゼブラフィッシュ

　ゼブラフィッシュは受精後5日でさまざまな感覚刺激に応答するようになり，稚魚（受精後5日程度〜2週間）になると，採餌行動や敵からの逃避行

動を示す．また小型ディッシュ内で稚魚の行動を解析することで，大規模な行動スクリーニングが可能である．このスクリーニングにより，稚魚の運動異常の表現型を示す変異体とその原因遺伝子が数多く同定されている．一方で，2000年に川上浩一（国立遺伝学研究所）らにより，メダカで同定された**トランスポゾン（Tol2）**を用いて外来遺伝子をゲノムに効率よく挿入できる遺伝子導入法が確立された．この手法と **GAL4/UAS システム**を組み合わせることで，ショウジョウバエと同様にエンハンサートラップ系統（図3.2参照）を作製し，特定の神経回路において任意の遺伝子を発現することができるようになった．その結果，特定の神経回路をラベルするゼブラフィッシュ系統が何百種類も確立されており，現在データベース化されている．

　ゼブラフィッシュ稚魚はほぼ透明であるため，特定の神経回路を蛍光タンパク質により可視化して解剖学的に記載したり，**蛍光カルシウム指示タンパク質**（3章コラム参照）により神経活動を観察することができる（Muto et al., 2013）[*4-1]．さらに**オプトジェネティクス**（5章2節参照）を用いて光刺激依存に神経活動を人為的に制御する技術も急速に発達し[*4-2]，行動発現を神経回路レベルで解明する技術が発展している．これらの技術の組み合わせにより，ゼブラフィッシュの行動に関わる神経回路の解明は急速に進みつつある．

4.2.2　メダカ

　行動遺伝学分野では，メダカの**配偶行動**の研究が急速に進展している．メダカの雌の性周期はわずか一日であり，毎朝配偶行動を示すことから，安定して配偶行動の観察ができるという利点がある．メダカの配偶行動は定型的な行動ステップから構成される．まず雄が雌に近づいて，雌の下で泳ぐ（近づき）．次に雌の前で雄は円を描くように急速に泳ぐ（求愛行動）．雄は尻びれと背びれで雌に抱きつき，お互いの泌尿生殖口を近づける（交叉）．その後，雌が雄を受け入れれば，雌は放卵し，その後雄が放精することで受精が成立

＊4-1　動画参照：http://goo.gl/eMes5p
＊4-2　動画参照：http://goo.gl/fw2GJa

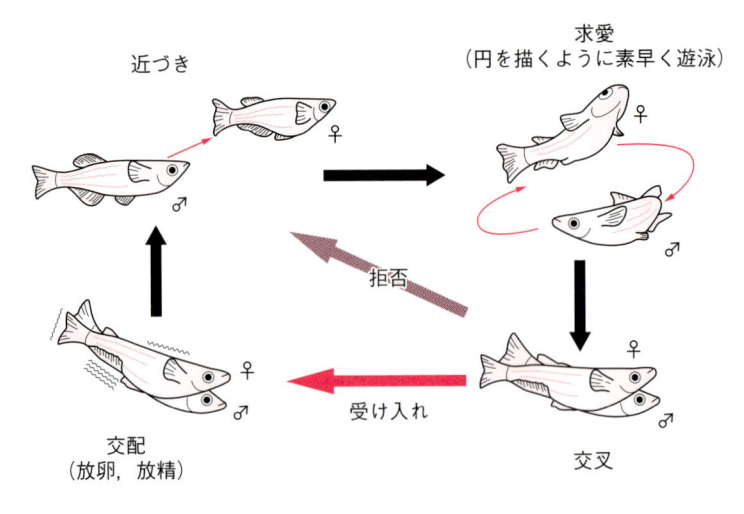

■ 4 章　小型魚類（ゼブラフィッシュとメダカ）の行動分子遺伝学

図 4.6　メダカの配偶行動
（Okuyama *et al*., 2014 より改変）
動画参照（YouTube 日本語）：http://goo.gl/hCqLtZ

する＊4-3（図 4.6）．

　2009 年に深町昌司らは，2 匹の雌と 1 匹の雄を入れたときに，雄の雌への近づき行動を定量化することで，雄の**異性の好み**を解析した．その結果，雄は体色を指標にして雌を選択することが明らかになった．2014 年に奥山輝大（マサチューセッツ工科大学）らは，雌が雄の求愛を受け入れるまでの時間を計測することで，雌の**異性の好み**を定量化した．その結果，メダカの雌は近くにいた雄を視覚的に記憶して，「見知った雄」を積極的に配偶相手として選択することを発見した．さらに後述するように，近藤誘導分化プロジェクトで同定された変異体の中から，異性の好みに異常がある変異体も発見した．

　メダカ集団では，外界環境や社会関係に応じて，他メンバーに対する**追従行動（群れ行動）**が誘起される．通常条件下ではメダカはランダムに遊泳

＊4-3　動画参照：http://goo.gl/mIe0M2

するが，視運動反応（OMR：4.4.1 参照）依存に群れ行動が誘起される[*4-4]．2013 年には，メダカ集団に対して視覚刺激と給餌を連合学習させると，未学習個体が学習個体を記憶・識別して追従することで「**社会的学習**（集団形成により効率的に外界情報を学習（利用）できるようになる現象）」が生じることが落合 崇らによって示唆された．このようにメダカは配偶行動以外でも**個体識別**を介した社会行動を示す．

さらに 2014 年には，渡辺英治（基礎生物学研究所）らが，メダカの動きを元に作製した**バイオロジカルモーション**をコンピュータディスプレイに提示すると，メダカがその動きに接近することを示した．バイオロジカルモーションとは生物の動きを少数の点の動きだけで表現したものである．このことから，メダカは動きの情報を知覚して同種個体を見分けていることが示唆された．ヒトもバイオロジカルモーションのみでヒトの動きを他の動物と区別して認識することができる．このように，メダカはマウスのような嗅覚ではなく，ヒトと同様に視覚情報を介した社会認知能力をもつと考えられ，メダカを研究対象にすることで視覚的な社会認知能力を分子遺伝学的手法を用いて解析することができると期待されている．

メダカではゼブラフィッシュのようにエンハンサートラップ系統が確立されていない．しかし 2013 年に，熱ショック依存に Cre/loxP 遺伝子組換え（図 5.2 参照）を誘導する遺伝子操作法が開発された．IR-LEGO（**InfraRed Laser Evoked Gene Operator**）は 2009 年に亀井保博（基礎生物学研究所）によって開発された遺伝子操作法で，赤外線レーザーにより局所的に熱ショックを与えることで，熱ショックプロモーター依存に外来遺伝子の発現を誘導する手法である．変温動物であるメダカは高い熱耐性（4〜35℃）をもっており，熱帯魚であるゼブラフィッシュ（25〜33℃）や恒温動物であるマウスと比較して，熱刺激を介した実験操作が容易であるという特徴がある．IR-LEGO により Cre の発現を高い空間分解能で制御することが可能であり，非侵襲的にメダカ脳の一部で外来遺伝子の発現を制御することが可能になった．近

[*4-4] 動画参照：http://goo.gl/8iwqzA

い将来，特定の脳領域でチャネルロドプシンなどの外来遺伝子を発現させることで，成魚の行動と神経回路との関連が解析可能になると期待されている．

4.3 ゼブラフィッシュ胚および稚魚の遊泳運動

4.3.1 順遺伝学による遺伝子群の同定

受精24時間後ピンセットでゼブラフィッシュ胚に物理的に刺激を与えると，左右の筋を交互に収縮して尾を左右に振る[*4-5]．1996年に当該運動に異常を示す変異体の大規模検索が実施され(図4.4), 2004, 2005年に平田普三（国立遺伝学研究所）らは，この反射に異常が生じる変異体の原因遺伝子を二つ同定することに成功した．**アコーディオン変異体**は，外部刺激依存に背部が曲がってしまい「アコーディオン」のような形になり，左右に尾を振ることができない．アコーディオン変異体は筋カルシウムポンプをコードする遺伝子に変異があり，筋細胞の細胞質のカルシウム濃度が高止まりし，筋収縮が持続して硬直する．アコーディオン変異体と同様の運動異常を示すバンドネオン変異体では，神経細胞に発現するグリシン受容体遺伝子に変異があり，左右の運動ニューロンが同時に発火してしまうことが，異常運動の原因になっている．これらの二つの変異体はヒトの運動障害のモデルとなっており，ヒトのブロディー病，びっくり病がそれぞれ同じ機構で生じる．

2013年に平田，ジョン・クワダ（John Kuwada）（ミシガン大学）らは，運動が生じない変異体の原因遺伝子（*stac3*）を同定した．Stac3タンパク質は筋収縮時に筋細胞において小胞体からのカルシウム放出を制御する．*Stac3*はヒトを含む多くの脊椎動物に保存されているが，ゼブラフィッシュ稚魚を材料に用いることでその生理学的機能が初めて解明された．また，*Stac3*はアメリカ先住民ラムビー族から見つかった先天性筋疾患の原因遺伝子になっていることが判明した．ヒト*Stac3*が変異すると，筋収縮の際にカルシウム放出量が少なくなり，骨格筋収縮力が低下することで，筋力低下，筋痙攣，呼吸困難などの症状が発症する．現在，ゼブラフィッシュ稚魚を用

[*4-5] 動画参照：http://goo.gl/Im91Zk

いて当該疾患症状を改善する薬物検索が実施されている．このように，ゼブラフィッシュ稚魚の研究はヒトの神経および筋疾患の発症機構の理解に貢献しつつある．

4.3.2　オプトジェネティクスによる遊泳運動を制御する神経細胞の同定

　ゼブラフィッシュ稚魚は左右に尾をリズミカルに振ることで遊泳する．2013年に東島眞一（岡崎統合バイオサイエンスセンター）らは，ゼブラフィッシュ稚魚が透明であるという利点を生かし，魚類の**遊泳運動**を制御する神経細胞（V2a）の同定に成功した．**V2a神経細胞**は脊髄と脊髄の付け根に存在する脳構造体（後脳）に存在する．Chx10という転写因子がV2a神経細胞特異的に発現しており，Chx10プロモータ依存に外来遺伝子を強制発現するトランスジェニック魚を作製することで，オプトジェネティクス（5章2節参照）によるV2a神経細胞の機能解析が可能になった．まず青色光照射依存に神経活動を誘導するチャネルロドプシン（5章2節参照）をコードする遺伝子を強制発現したところ，後脳への光照射依存に遊泳運動（尾を左右に振る）が誘導された．逆に，V2a神経細胞群に緑色光照射依存に神経活動を抑制するアーキロドプシン（5章2節参照）をコードする遺伝子を強制発現したところ，後脳への光照射依存に遊泳行動が抑制された．このように後脳V2a神経細胞に存在するV2a神経細胞群の神経活動を人為的にかつ領域選択的に制御することで，遊泳運動の開始と停止の制御ができた．

　初期発生におけるV2a神経細胞群の発生様式は東島らによって解明されており，脊髄腹側に存在する神経前駆細胞から非対称分裂によりV2aおよびV2bという異なるタイプの神経細胞が生じることが示されている．小型魚類は胚が透明で初期神経発生の過程をリアルタイムで追跡することが可能であるため，「**ある機能に特化した神経細胞群**」の細胞系譜を解析し，その**発生的起源**を同定できる．近年の発生生物学では，脊椎動物の初期発生における脳の領域化，神経分化の分子機構が魚類から哺乳類まで広く保存されていると考えられている（岡本，2008）．さらに，遊泳運動に見られるリズミカルな運動はヒトの歩行など多くの脊椎動物に共通した基本的な動きであ

■ 4 章　小型魚類（ゼブラフィッシュとメダカ）の行動分子遺伝学

り，運動制御の基本神経回路の形成過程および脊椎動物の進化的起源が小型魚類の研究から解明されることが期待されている．

4.4　ゼブラフィッシュ稚魚の視覚行動

4.4.1　順遺伝学による視覚行動に関わる遺伝子群の同定

単純でかつ再現性の高い行動実験系がゼブラフィッシュ稚魚を用いて確立されており，視覚行動異常の変異体が数多く単離された．ゼブラフィッシュ稚魚は，暗い場所では体色が暗く変化する環境適応能力をもっている．そのため，視覚能力に異常をもつ変異体は明るい背景条件でも暗い体色を示すという特徴があり，体色を指標に視覚異常を検定できる．これに加え，ゼブラフィッシュ稚魚は眼球の**視運動性反応**（Optokinetic response: OKR），**遊泳の視運動反応**（Optomotor response: OMR）を示す[4-6]．

OKR 行動実験系では，内側に縦縞が描かれたドラムの中にペトリディッシュを固定し，その中に稚魚をメチルセルロースで固定する[4-7]．ドラムが回転すると，視野を安定させるために，背景を追従するように滑らかに眼球運動（OKR）が生じるが，背景を追従できなくなると，反対方向へ眼球のサッケード運動（急速性眼球運動）が生じる．ヒトにおいても走行中の電車から車外の景色を眺めるときに OKR と急速性眼球運動が生じており，ある注視点の動きを追跡して OKR が生じるが，あるところまでいくと反対方向へのサッケード運動を起こして，新しい注視点が選ばれる．よって OKR システムはゼブラフィッシュだけでなく，多くの動物に保存された視覚情報処理過程であると考えられる．

OMR 行動実験系では内側に縦縞が描かれたドラムの中に円形水槽を固定し，その中を魚が自由遊泳できる状態にする（図 4.7C）．ドラムが回転すると，魚は背景に追従するように円形水槽内を周回しながら遊泳する[4-8]（図

---

* 4-6　動画参照：http://goo.gl/nB4h98
* 4-7　動画参照：http://goo.gl/DFu9Jv
* 4-8　動画参照：http://goo.gl/iVH9iE

4.4 ゼブラフィッシュ稚魚の視覚行動

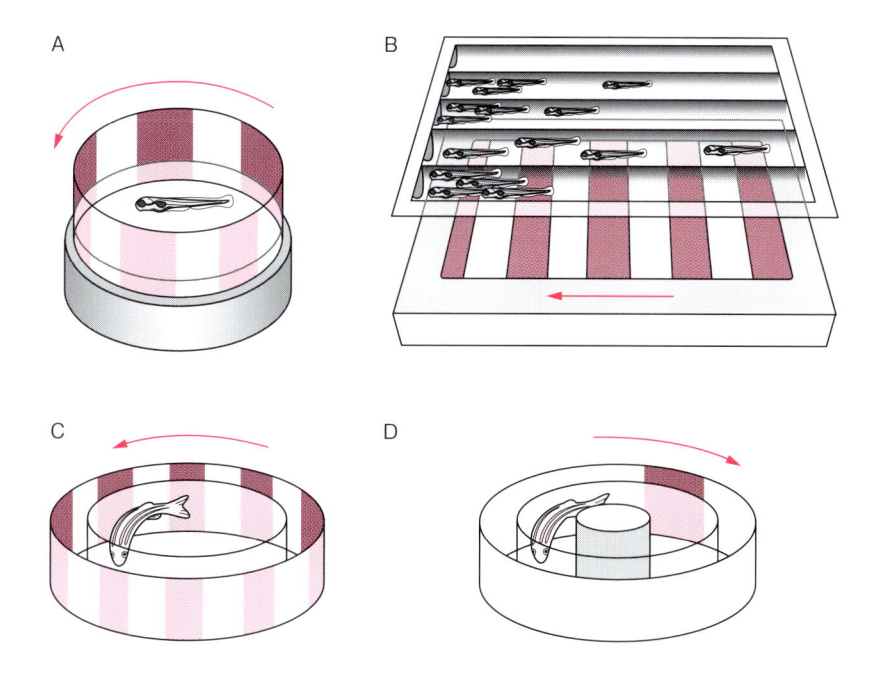

図 4.7 ゼブラフィッシュ稚魚を用いた視覚行動テスト
(A) OKR：眼球の視運動性反応テスト．魚は固定されており眼球の動きを測定．矢印は円柱の動く方向を示す．(B)(C) OMR：遊泳の視運動反応テスト．魚は縦縞を追従する．(D) 逃避反応テスト：魚は縦縞から逃避する（Morris & Fadool, 2005 より改変）．

4.7C)．これは魚が水流の中で流されないように定位するために生じる運動だと考えられている．現在ではコンピュータで作製された白黒ストライプの動画を下から稚魚に提示することで，OMR を誘導する手法が確立されている（図 4.7B）．この手法では，魚は動画に追従運動した結果，魚の位置が水槽の片端に偏るかを検定する．また，ゼブラフィッシュには視覚刺激に対する逃避反応を定量化する行動実験系がある．円形の水槽の中心に，魚を入れた円形シャーレを入れ，容器の周囲で黒い図形を回転させると，魚はその刺激に反応して，視覚刺激からすばやく逃避する．

これらの行動実験系を用いて順遺伝学的手法による大規模な変異体検索が実施されており，視覚行動や感覚器の形態に異常をもつ変異体が多数同定さ

れている．体色変化の異常を示す *lakritz* 変異体は OKR，OMR にも異常を示す．*lakritz* はショウジョウバエの bHLH 型転写因子 Atonal の脊椎動物ホモログをコードしており，網膜神経節細胞の発生に関わることが示されている．また武藤 彩（国立遺伝学研究所）らは他の多くの変異体も網膜の発生に異常があることを示した．

4.4.2　全脳活動地図の作成

　私たちヒトを含めた多くの動物は，自らが運動した結果をリアルタイムで感知しながら，運動の制御様式を随時修正し，変化する環境に対して適応的に行動することができる．この運動適応のためには，脳からの運動出力によって生じた結果を，再び脳へ感覚入力としてフィードバックし，感覚入力と運動出力をリアルタイムで比較して両者を一致するように全体の運動を調整する脳情報処理過程が必要であると考えられている（図 4.8）．工学分野ではこのような情報処理過程は**閉ループ（closed-loop）制御**と呼ばれており，基本的なシステム制御様式である．しかし動物の行動においては，脳のどの神経回路でどのような計算が行われた結果このような情報処理が実現するのか，ほとんどわかっていない．

　この問題を解くためには，変化する環境の中で適応的な運動をしている動物の全脳の神経活動をリアルタイム記録し，各神経細胞の活動パターンがどのような「計算」をコードしているのか解読すればよい．2012 年にフロリアン・エンゲルト（Florian Engert）（ハーバード大学）らは，OMR を示すゼブラフィッシュの稚魚の**全脳活動地図**の作成に成功した[*4-9]．筋肉麻酔した稚魚を固定し，コンピュータで作製された明暗縞の動画を下から提示した．それと同時に運動神経を電気生理学的に記録し，運動神経の神経活動の頻度に応じて稚魚が前へ遊泳したように，明暗縞の背景の動きが変化するシステムを構築した（図 4.9）．

　後ろから前に明暗縞の背景を動かすと，固定された稚魚は水流に流された

＊4-9　動画参照：http://goo.gl/mLML7L

4.4 ゼブラフィッシュ稚魚の視覚行動

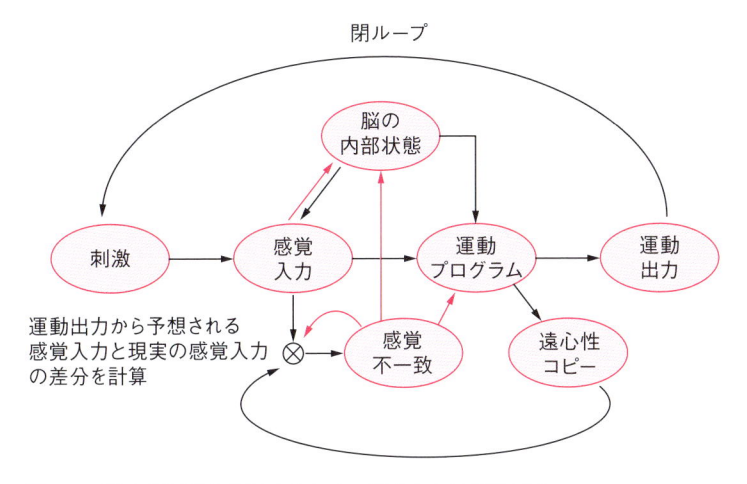

閉ループ

図4.8 適応的運動を実現するための推定上の神経モデル
一般に運動制御において，運動の指令が運動神経に送られるだけでなく，その信号のコピー（遠心性コピー）が脳にかえってくると考えられている．遠心性コピーは運動出力の結果生じる視覚入力の予測に使われる．予想される視覚入力と実際の視覚入力を比較した結果，両者に矛盾があれば，脳の内部状態に反映されて運動プログラムを再調整する．黒矢印は情報の流れ，赤矢印はシステムの状態変化を引き起こす情報出力を示す（Portugues & Engert, 2011 より改変）．

と錯覚し，運動神経を興奮させて定位するように仮想遊泳する．この状態では稚魚は実際には運動ができない状態で固定されているので，二光子顕微鏡を用いて**カルシウムイメージング**（3章コラム参照）を行い，全脳の任意領域の神経活動を1細胞レベルでリアルタイム記録できる．エンゲルトらは，固定された稚魚が背景の動きを安定して仮想的に追従している（定位置を維持している）状態において，背景（川底）の動き方を変化させた．たとえば後ろから前への背景の動きのスピードを人為的に上げた場合，運動出力（運動神経の興奮頻度）が不足して仮想的に後ろへ流されてしまうため，定位置を維持するため運動出力が増加する．逆に背景の動きのスピードを人為的に下げた場合，運動出力が過剰になり，仮想的に前進するため，運動出力が減少する．このような運動適応の際には，脳からの運動出力によって生じた結果を，脳へ視覚入力としてフィードバックして視覚入力と運動出力をリアル

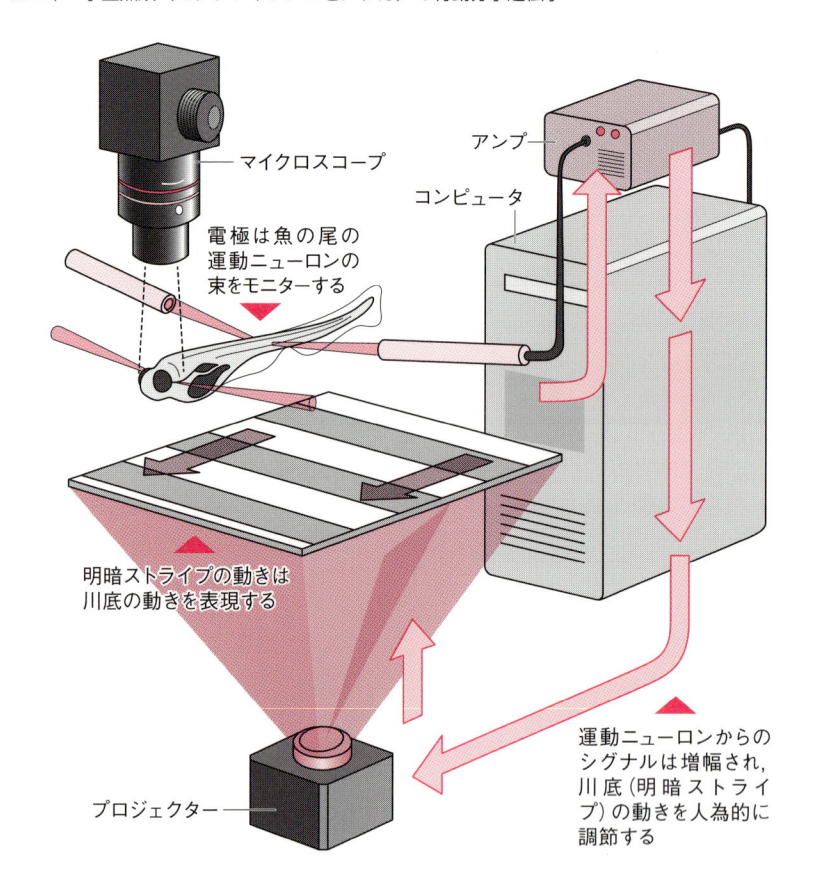

■4章 小型魚類(ゼブラフィッシュとメダカ)の行動分子遺伝学

図4.9 仮想空間内でゼブラフィッシュ稚魚にOMRを誘導する装置
(Hughes, 2013を改変)
動画参照(YouTube 英語): http://goo.gl/QEU0r6

タイムで比較して,背景の動きに追従して定位置を維持するように全体の運動出力を調整している.

この運動適応における神経活動を記録することで,閉ループ制御の脳情報処理に関わる全神経細胞群が同定され,その神経活動様式が解明された.将来的にゼブラフィッシュ稚魚脳の全神経回路の配線図を解明することで,各神経細胞の活動パターンがどのような「計算」をコードしているのか解読で

きるようになり，図 4.8 で示すような閉ループ制御を実現する脳情報処理過程（視覚入力から運動出力）の全容が解明できると期待される．

2013 年に発表された欧米の科学大型プロジェクトでは，15 年後を目処にヒト脳の全神経回路の配線図を解明し，脳の特定領域における全神経細胞の全活動を記録する技術を開発することで，脳がもつ**創発的な特性**（emergent properties）を解明することを目的の 1 つにしている．**創発**（emergence）とは，システムを構成する各要素の振る舞いからでは説明できない性質が，システムに生まれる現象のことである．これまでの**計算論的神経科学**では，脳を巨大な計算機として捉え，実際の脳と同等な機能を生体と同じ方法で実現する人工的な計算機（プログラム）を作製できる程度に，深く本質的に脳情報処理過程を理解することを目指してきた．しかし，構成要素である神経細胞や限定された神経回路の振る舞いをいくら記載しても，その総体としての脳機能を理解することはできない．そのため，個体レベルの行動と全神経細胞の振る舞いを同時に記述する技術の開発が，脳の機能発現機構の理解に必要であると考えられている．このプロジェクトは，15 年後に霊長類やヒトを対象にした研究を実施することを目標にしているが，単純なモデル動物の解析を先行させて対象とする神経回路を段階的にスケールアップすることで，最終的にヒト脳に迫ろうとしている．具体的にはその通過過程として，10 年後にショウジョウバエ成体の全脳（神経細胞 13 万個）および小型魚類の成体の中枢神経（神経細胞 100 万個）の全配線図解明とその活動記録を実現することを中間目標にしている．2012 年の段階でゼブラフィッシュ稚魚では全脳活動地図の作成が成功しており，脳神経科学の潮流の中で脳がもつ創発的な特性を解明する研究の先駆けになるかもしれない．

4.5　ゼブラフィッシュ稚魚の聴覚行動

ゼブラフィッシュ稚魚は受精後約 3 日目に**音刺激**に対して**逃避行動**を示すようになり，受精後 4 日目にほぼ 100％の比率で逃避行動を示す．さらにゼブラフィッシュの逃避運動においては，感覚入力から運動出力に至るまでの基本的な神経回路が解明されており，聴覚回路を「**適応的な行動を生み出す**

■4章 小型魚類（ゼブラフィッシュとメダカ）の行動分子遺伝学

機能的なシステム」として解析することができる．

　ゼブラフィッシュでは，内耳有毛細胞が音刺激を電気信号に変換する．この音感受機構は原理的に哺乳類と同様である．魚類の場合，音刺激の情報が聴神経を介して後脳にある**マウスナー細胞**に直接入力する．マウスナー細胞は左右一対存在し，それぞれ反対の体側に軸索を伸ばして脊髄運動ニューロンとシナプスを形成している．マウスナー細胞が発火すると反対側にある脊髄運動ニューロンがいっせいに興奮し，胴が曲がって逃避行動の最初の運動（Cスタート）が誘導される．この結果，魚は音刺激と反対方向に逃避することができる．また，マウスナー細胞は音刺激による脱分極の開始時にたった1発の活動電位しか発生しない（単発発火）という発火特性をもっている．

　受精後約2日目に内耳有毛細胞が機能を獲得し，基本的な神経回路ができて音刺激によってマウスナー細胞が反応するようになる．しかし未成熟なマウスナー細胞では，脱分極入力依存に連続的に活動電位（連続発火）が生じる．2014年に小田洋一（名古屋大学）らは，マウスナー細胞の成熟に伴って連続発火から単発発火への発火特性が変化する機構を解明した．成熟マウスナー細胞には，2種類の低閾値型カリウムチャネルが発現している．一方で，未成熟マウスナー細胞にはそのうち1種類の低閾値型カリウムチャネルがわずかにしか発現していなかった．この発現様式の違いが，単発発火と連続発火の違いを生み出していた．単発で素早く反応するというマウスナー細胞の反応特性が獲得されるためには，成熟過程で2種類のカリウムチャネルが発現することが必要であり，マウスナー細胞の機能獲得によって受精後4日目から素早い逃避行動ができるようになったと考えられる．

　他にも，内耳有毛細胞の音感受性の獲得や聴回路におけるシナプス形成など，聴回路発達の統合的な解析が進みつつある．これまでに聴覚系においては，哺乳類，鳥類，両生類を材料にした膨大な研究がある．しかし，発生期において未成熟な神経回路が「適応的な行動を生み出す機能的なシステム」へ発達する過程を，分子遺伝学的手法と電気生理学的手法を組み合わせて生体内で解析するには，現在のところゼブラフィッシュが最も適している．

4.6 ゼブラフィッシュ成体を対象にした行動分子遺伝学

4.6.1 学習行動

哺乳類の大脳新皮質は「高等な機能」をもっている．大脳新皮質は「魚類―両生類―爬虫類―哺乳類」という進化の過程で出現した哺乳類特有のものであり，大脳新皮質に対応する脳構造をもたない魚類は，哺乳類のような高度な学習や社会性行動を示さないと古くから考えられてきた（伊藤，2002；Brown *et al.*, 2006；岡本，2008）．しかし近年の行動生態学の研究によって，魚類も高度な記憶・学習能力をもつことが示され（Brown *et al.*, 2006），硬骨魚類において哺乳類の大脳に対応する機能をもつ脳領域の探索が始まっている（伊藤，2002；Brown *et al.*, 2006；岡本，2008）．硬骨魚類において大脳に相当する**終脳**の発生様式は，硬骨魚類特有であり，最終的に完成する成体の終脳の構造は他の脊椎動物と大きく異なっている．両生類，爬虫類および哺乳類の終脳（大脳）の一般的な発生様式は，神経管の背側中心部が腹側に入り込んで，左右一対の側脳室を形成する（evagination）（図 4.10B）．しかしながら，硬骨魚類の終脳は**外転**（eversion）と呼ばれる特異な発生をする．硬骨魚類では神経管の背側中心部が腹側に入り込むのではなく，左右に展開して背側部の脳室壁は終脳の背外側部に位置する（図 4.10C）．そのた

図 4.10 硬骨魚類とその他の脊椎動物の終脳の発生様式の比較
(A) 魚類を含む脊椎動物の神経管．(B) 魚類以外の脊椎動物（evagination）．(C) 魚類の終脳の発生様式（eversion）．1, 2：外套下部（subpallium）．終脳腹側部に発生．4, 5：外套（pallium）．主に終脳背側部に発生．成体の脳領域は図 4.11 を参照（Ebbesson, 2013 より改変）．

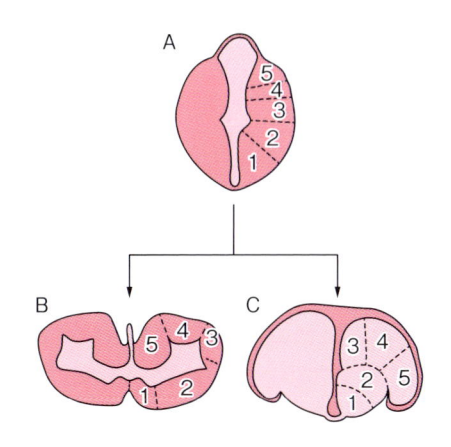

■4章 小型魚類（ゼブラフィッシュとメダカ）の行動分子遺伝学

め，哺乳類と魚類ではトポロジーが大きく異なっており，種を越えて終脳の構造を比較することが困難であったが，最近になって**遺伝子マーカー**の発現解析から，脊椎動物の終脳内領域化の分子機構が魚類から哺乳類まで広く保存されていることが示唆された（図4.11）．そのため，成体終脳の各領域の**発生系譜**を解析することで種間比較が可能になると期待されている（岡本，2008）．

2013年に岡本 仁（理化学研究所）らは，ゼブラフィッシュを用いて視覚的な**嫌悪強化学習行動実験系**を確立し[*4-10]，終脳背側のある特定脳領域が記憶の想起に関わることを解明した．神経系特異的なプロモータの下流で蛍光カルシウム指示タンパク質（3章コラム参照）を強制発現することで，終脳の脳活動を測定する実験系を構築した．学習済みの個体を固定し，学習した視覚刺激を与えることで，長期記憶の想起過程における神経活動を測定した．その結果，終脳背側のある特定脳領域は，訓練直後の想起過程では活動しないが，1日後の想起過程では活動することを見いだした[*4-11]．

現在，脊椎動物の記憶・学習の分子・神経基盤に関する研究は，主にマウスを用いて，**海馬**などの限定した脳領域に注目して解析が進められている（5章参照）．しかしながら，マウスにおいて多数で広範囲に及ぶ脳領域が連携して記憶が成立・想起される過程について解析することは現在の技術では困難である．ゼブラフィッシュの脳は哺乳類と比較して小型であるため，比較的広い範囲で神経活動をイメージングできるというメリットがある．将来的に小型魚類で全脳イメージング技術が確立すれば，記憶の想起過程において，感覚入力から運動出力に至るまで，全脳の各脳領域がどのように連携して記憶が成立・想起されるかが世界に先駆けて解明できると期待される．また小型魚類で同定された神経ネットワークを哺乳類で探索することで，ゼブラフィッシュで解明された知見や原理が哺乳類に敷衍されることも期待される．

[*4-10] 参考動画：http://goo.gl/oMwNqU
[*4-11] 参考動画：http://goo.gl/AzLMAQ

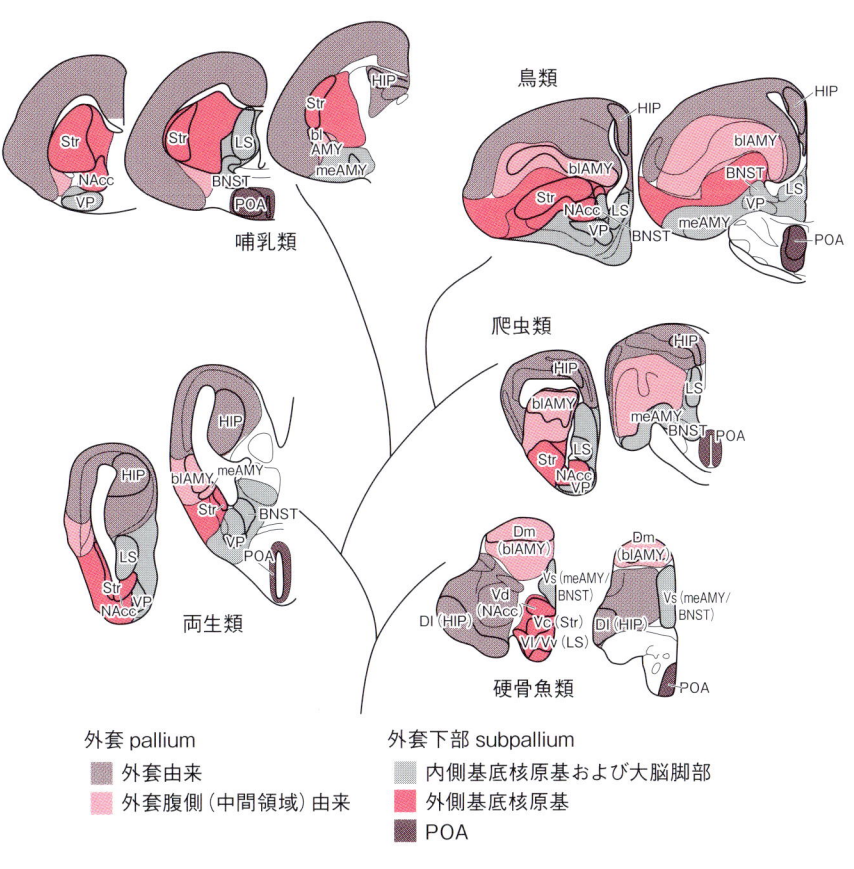

外套 pallium
- 外套由来
- 外套腹側（中間領域）由来

外套下部 subpallium
- 内側基底核原基および大脳脚部
- 外側基底核原基
- POA

	硬骨魚類	哺乳類
外套 (pallium) 由来	Dl：終脳背側野側面部	HIP(hippocampus)：海馬
外套腹側（中間領域）由来	Dm：終脳背側野中央部	blAMY(basolateral amygdala)：基底外側扁桃体
外套下部 (subpallium) 由来	POA (preoptic area)：視索前野	POA (preoptic area)：視索前野
	Vs：終脳腹側部交連上部	meAMY (medial amygdala)：内側扁桃体, BNST (bed nucleus of the stria terminalis)：分界条床核
	Vd：終脳腹側部の背側部	NAcc (nucleus accumbens)：側坐核
	Vc：終脳腹側部の中心部	Str (striatum)：線条体
	Vv：終脳腹側部の腹側部	LS (lateral septum)：外側中隔

図 **4.11** 哺乳類，鳥類，両生類，硬骨魚類の終脳（大脳）脳領域の推定上の対応関係（O'Connell & Hofmann, 2011 を改変）

4.6.2 嗅覚行動と情動行動

私たちヒトには生得的に「不快な匂い」がある．たとえば，腐った肉の臭いを嗅ぐと不快な気持ちになり忌避行動をとる．ゼブラフィッシュなどの動物に「情動」つまり「心」があるか否かは，科学的に証明することは難しい．しかし一般的には，動物がある匂い源に対して忌避行動を示したときに「嫌悪感が生じている」と推測される．

たとえば，ゼブラフィッシュは，**死臭（カダベリン）**に対してはっきりとした忌避行動を示す．ヒトもカダベリンに対する忌避行動を示すことから，共通した神経機構があることが期待される．匂い分子は，鼻孔内の嗅上皮の**嗅覚受容細胞（一次神経）**に発現する**嗅覚受容体**に結合して神経活動を活性化し，嗅上皮から嗅球に情報が伝わる．1つの嗅覚受容細胞には1種類の嗅覚受容体のみ発現し，嗅覚受容体によって反応する匂い分子の種類が異なっている．2013年にシグルン・コーシング（Sigrun I. Korsching）（ケルン大学）は，ゼブラフィッシュを用いてカダベリンに特異的に反応する嗅覚受容体を同定することに成功した（図4.12）．

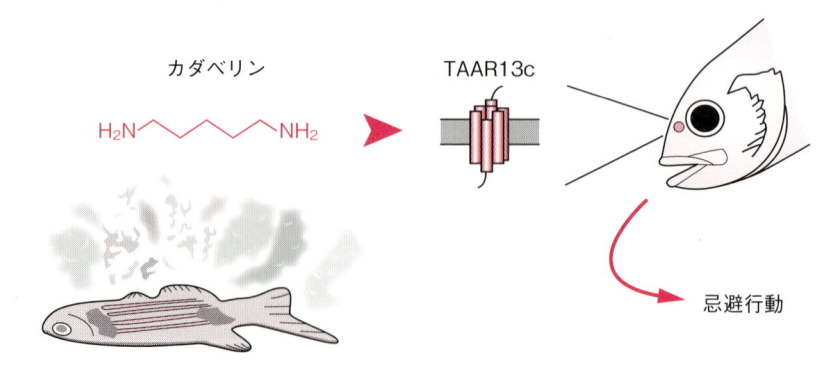

図4.12 カダベリン（死臭）は嗅覚受容体（TAAR13c）を活性化して忌避行動を誘導する
（Hussain *et al*., 2013 より改変）

4.6 ゼブラフィッシュ成体を対象にした行動分子遺伝学

またミツバチの 8 の字ダンスの発見で有名なフォン・フリッシュ（6 章 2 節参照）は 1941 年に，魚類（ハヤ）の群れに傷がついた個体を入れると，他の仲間は強い忌避反応を示すことを報告した．このことから，群れの中にいる一部の個体が捕食されると，傷から水中に放出された物質が**警報フェロモン**として機能して，他の仲間の忌避反応が誘導されると予想された．警報フェロモンの候補物質としてコンドロイチン，Hypoxanthine-3-N-oxide などが報告されているが，皮膚抽出物と同程度に忌避行動を引き起こすことができないため，その実体は未解明であると考えられている．

それでは嗅球に入った嗅覚情報はどのようにして情動（忌避行動）を引き起こすのだろうか？　ゼブラフィッシュでは，嗅球から終脳の腹側領域（Vv）と背側領域（Dp）へ情報を送っており，Vv は哺乳類の辺縁系（図 4.11），Dp は哺乳類の嗅皮質に対応すると考えられている．また食欲や性行動の制御をしている視床下部にも投射がある．2009 年に吉原良浩（理化学研究所）らは，嗅球から情動行動に関わる**手綱核**へ直接的に神経接続することを発見した．手綱核は魚類から脊椎動物まで広く保存された左右非対称の脳構造体であり，2010 年に岡本 仁らは，ゼブラフィッシュでは手綱核の一部（外側亜核）が外的ストレスに対する逃避行動とすくみ行動の行動選択に関わることを示している．しかしながら，警報フェロモンなどの匂い情報が手綱核を介して忌避行動を誘導しているか否かについてはまだ不明であり，今後の研究の進展が期待される．

ヒトにおいて嗅覚刺激は他の感覚刺激よりも嫌悪などの情動を引き起こしやすく，脊椎動物の進化の初期過程で発達した古い脳（辺縁系）によって，匂い刺激による情動発現が担われていると信じられている．今後，匂い情報の入力から，運動出力までの全情報処理過程をゼブラフィッシュを用いて解明することで，情動を引き起こす脊椎動物に共通な基本的神経回路が明らかになるかもしれない．

■ 4章　小型魚類（ゼブラフィッシュとメダカ）の行動分子遺伝学

4.7　メダカの社会性行動

4.7.1　魚類社会脳の分子基盤の解明

　ヒトを含む多くの社会性動物において，各メンバーは社会適応するために，他者との関係に応じてその行動を適切に決定する必要がある．各メンバーは他者を記憶・識別（認知）し，他者との関係を理解し，自分の生理状態や外界環境の情報に基づいて社会的文脈に沿った意思決定を行う．こうした社会的な意思決定を司る高次な脳機能を「**社会脳**」と呼ぶ．これまで「社会脳」の研究はヒトを中心に進められており，たとえば脳活動イメージング手法を用いてヒト脳機能地図の作成が進んでいる．しかしながら，「社会脳」の分子基盤は社会神経科学の「暗黒物質」と言われており，不明な点が多く残されている（Insel, 2010）．また，「社会脳」は長い間，哺乳類の発達した大脳新皮質に宿ると信じられていた．

　しかし 1999 年以降，魚類（グッピーやシクリッド）も高度な**個体認知能力**をもつことが示された．たとえば，グッピーは同じ水槽で飼われている仲間を記憶・識別し，仲間以外の**新規な個体**を配偶相手として選択する傾向がある．また**順位制**をもつシクリッドは，集団内のメンバーを識別してその順位を記憶し，自分より順位の低い個体に近づく傾向がある．2007 年にラッセル・フェルナルド（Russell Fernald）（スタンフォード大学）らは，シクリッドは他の個体同士の順位関係を視覚的に観察するだけで，相手と自分との相対的な順位関係を推測する能力を持っていることを示した[*4-12]．よって原始的な脳をもつ魚類も**個体認知**を介した社会関係を理解する能力があり，大脳新皮質のない魚類にも「社会脳」が存在する可能性が指摘された．

　筆者らは，脊椎動物の「社会脳」の進化的ルーツを探る目的で，魚類の「社会脳」の分子神経基盤の解明を目指し，モデル生物であるメダカを用いて社会行動実験系を確立してきた．これまでに**群れ行動，社会的学習，配偶者選択**を研究室内で再現性よく誘導できる行動実験系を確立した．その過程で，

＊4-12　動画参照：http://goo.gl/6vrJwv

メダカも個体認知に基づく高度な社会性をもつことを発見した．2014 年に奥山輝大（マサチューセッツ工科大学）らは，メダカの雌は「見ていた雄」を視覚的に記憶し，その求愛をすぐに受け入れるが，「見知らぬ雄」からの求愛を容易には受け入れないことを示し，雌メダカは異性を視覚的に識別して記憶する能力をもっており，その能力に基づいて配偶相手を選択することを報告した[* 4-13]．2013 年に落合 崇（当時 東京大学）らは，集団採餌の際に，餌場情報を記憶・学習した個体を，未学習の個体が記憶して追従することで採餌効率が上がる現象（**社会的学習**）を発見した．

4.7.2 個体識別を介した配偶者選択の神経基盤

奥山らは，上記のメダカにおける配偶者選択の分子・神経基盤を解明する目的で，この行動に異常が生じるメダカ変異体を検索し，「見知らぬ雄」からの求愛を拒絶しない 2 種類のメダカ変異体（*cxcr7, cxcr4*）を同定した．そしてこれらのメダカ変異体の脳神経回路に異常がないかを調べたところ，GnRH3 脳内ホルモンを合成する**終神経 GnRH3 ニューロン**[* 4-14]の形態形成に異常が見つかった．そこで終神経 GnRH3 ニューロンが，雌の配偶者選択にどう関わるか検討した．まず，雌の終神経 GnRH3 ニューロンをレーザーで破壊すると，その雌は変異体と同様「見知らぬ雄」の求愛をすぐに受け入れた．一方で，特定の雄が長時間そばにいることで，雌の終神経 GnRH3 ニューロンの神経活動（自発的に発火する頻度）が活発になることがわかった[* 4-15]．このことから，終神経 GnRH3 ニューロンは，通常状態では「見知

[* 4-13] 動画参照：http://goo.gl/ULZqXM
[* 4-14] 岡 良隆（東京大学）らによって同定され研究されてきた．終神経と呼ばれる部位に神経細胞体が存在し，脳内にきわめて広く軸索を延ばして GnRH3 ペプチドを放出することにより，広範囲の脳部位の機能修飾にかかわると考えられている．ドワーフグラミーという熱帯魚においては，終神経 GnRH3 ニューロンは社会的意思決定に関わると予想されている脳領域（終脳背側野後部（Dp），終脳腹側部（Vs/Vv）や中脳被蓋（nucleus tegmento-terminalis）などから感覚入力を受ける（図 4.11，図 4,13 参照）．
[* 4-15] GnRH3 の神経活動の測定法（動画参照：http://goo.gl/Nh0mcN）

らぬ雄」の求愛の受け入れを抑制しているが，「見ていた雄」を視覚的に記憶すると神経活動が活性化して，その求愛をすぐに受け入れることが示唆された．

さらに，**GnRH3 ホルモン**をコードする遺伝子の変異体を作製したところ，雄を長時間見ても，GnRH3 ニューロンの神経活動は活性化せず，「見ていた雄」の求愛を容易には受け入れなかった．これらの結果から，GnRH3 脳内ホルモンには終神経 GnRH3 ニューロン自身の神経活動を促進する働きがあり，配偶相手を受け入れるスイッチとして働くことが示された．このようにメダカを対象にすることで，異性を視覚的に記憶し，配偶相手として積極的に受け入れる神経機構を世界で初めて解明することができた．これまで GnRH は，脳下垂体において生殖腺刺激ホルモンの分泌を促進し，生殖腺の機能を活性化する GnRH1 としての働きのみが注目され精力的に研究されてきたが，GnRH3 が脳内ホルモンとして配偶相手の選択に関わることが初めて証明された．

4.7.3　脊椎動物の社会脳の基本神経回路は存在するか？

メダカを材料に用いることで，「相手と面識があるか否か」という社会関係に応じた社会的意思決定の新規な分子・神経基盤が明らかになった．これまで「**魚類社会脳**」の研究は**シクリッド**や**金魚**などを対象にしており，社会行動（攻撃行動，縄張り行動，配偶行動）に関わる脳領域の候補がいくつか同定されている．さらに薬理学的手法によって，神経ペプチドの一種である**バソトシン**（哺乳類バソプレッシンの魚類ホモログ）が社会行動を制御していることが示されている．

2011 年にハンス・ホッフマン（Hans A. Hofmann）（テキサス大学）らは，魚類脳の**社会行動ネットワーク**（Social Behavior Network）を提唱し，哺乳類との相同性を議論した（図 4.13）．しかしながら，シクリッドや金魚では分子遺伝学が使えないため，今後，その分子・神経基盤を詳細に解析することが難しい．また，蛍光カルシウム指示タンパク質を用いて神経活動をイメージングすることもできない．**メダカ**を材料にすることで，「魚類社会脳」の

哺乳類

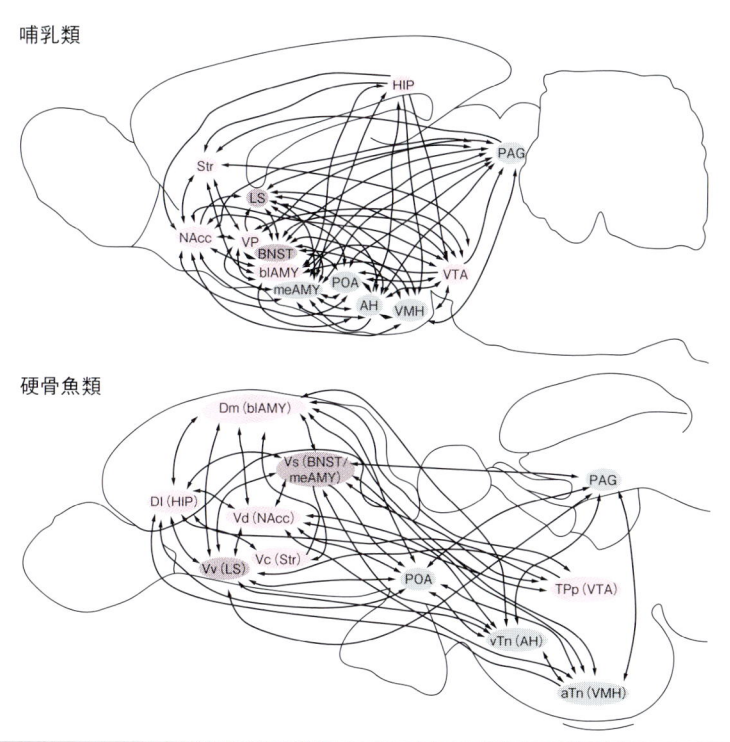

硬骨魚類

硬骨魚類	哺乳類
外套 (pallium) 由来	
Dl：終脳背側野側面部	HIP(hippocampus)：海馬
外套腹側（中間領域）由来	
Dm：終脳背側野中央部	blAMY(basolateral amygdala)：基底外側扁桃体
外套下部 (subpallium) 由来	
POA (preoptic area)：視索前野	POA (preoptic area)：視索前野
Vs：終脳腹側部交連上部	meAMY (medial amygdala)：内側扁桃体, BNST (bed nucleus of the stria terminalis)：分界条床核
Vd：終脳腹側部の背側部	NAcc(nucleus accumbens)：側坐核
Vc：終脳腹側部の中心部	Str (striatum)：線条体
Vv：終脳腹側部の腹側部	LS (lateral septum)：外側中隔
vTn：腹部隆起核	AH (anterior hypothalamus)：視床下部前部
aTn：前部隆起核	VMH (ventromedial hypothalamus)：視床下部腹側内側
TPp：periventricular nucleus of posterior tuberculum：(後部結節の周室核)	VTA (ventral tegmental area)：腹側被蓋野
PAG：中脳水道周囲灰白質	PAG (periaqueductal gray)：中脳水道周囲灰白質

図 4.13　社会的意思決定に重要な脳領域間の神経ネットワーク
（上図）各脳領域間の神経投射パターンをまとめた図．（下表）硬骨魚類と，それに相同な哺乳類の推定上の脳領野（O'Connell & Hofmann, 2011 を改変）．

■4章 小型魚類（ゼブラフィッシュとメダカ）の行動分子遺伝学

分子・神経基盤を解明して，全脳で神経活動を記録して脳情報処理過程を解析することが可能になると期待される．さまざまな階層（遺伝子レベル，神経回路レベル，行動レベル）で，魚類と哺乳類の「社会脳」を比較することで，私たちヒトの「社会脳」の進化的起源が解明されるかもしれない．

（竹内秀明）

5章 マウスの行動分子遺伝学
―オプトジェネティクスによる神経科学の急展開―

　哺乳類モデル動物であるマウスは，他の研究分野と同様，神経科学においても最も研究者人口総数の多いモデル動物である．その結果，研究分野が多岐にわたるだけではなく，新技術の開発と応用がきわめて活発に行われてきた．20世紀において，神経細胞の挙動を「観察する」技術が日進月歩で進化してきた一方，神経細胞の挙動を「操作する」技術の開発は遅れていたが，21世紀初頭，その扉は開かれ新たな潮流が形成された．光を用いた神経活動の新しい制御技術「**オプトジェネティクス（optogenetics, 光遺伝学）**」の発明である（図5.1）．本章では，オプトジェネティクスを切り口として，最先端神経科学トピックについて総説する．

5.1　モデル動物としての特徴

　哺乳類をモデルとした神経科学研究の多くは，マウスやラットを中心とした齧歯類研究と，マカクザルやアカゲザルなどを中心とした霊長類研究に大別することができる．ラットと比較して小型であるマウスは，とりわけノックアウトやトランスジェニック系統の作製などの遺伝学的操作がきわめて発達しており，近年はさらに，顕微注入で局所的に感染させることができる**アデノ随伴ウイルス（AAV）**や，シナプスを逆行的に飛び越えることができる狂犬病ウイルスなどとの組み合わせで，遺伝学的修飾の多様性はますます増加していると言えよう．遺伝学的修飾の際には，空間的制御と時間的制御の厳密性が必須であり，前者を種々プロモーターの利用やアデノ随伴ウイルスの顕微注入で，後者をタモキシフェン依存性Creの使用やドキシサイクリン依存的なTet-On，Tet-OFFシステム（図5.2）の利用などで絞り込み，目的の遺伝子，および神経細胞・回路レベルで修飾し，表現型の解析を行うことが常法となっている．

■ 5章　マウスの行動分子遺伝学

オプトジェネティクスにより，研究者は標的神経細胞の興奮を光によって制御することができる

ステップ1
遺伝子コンストラクトの作成

発現を誘導するプロモーター／チャネルロドプシンなどのオプシンをコードする遺伝子

ステップ2
遺伝子コンストラクトをウイルスに導入

ステップ3
ウイルスを動物の脳に注入
(標的神経細胞にオプシンを発現させる)

ステップ4
光ファイバーをつなぐ

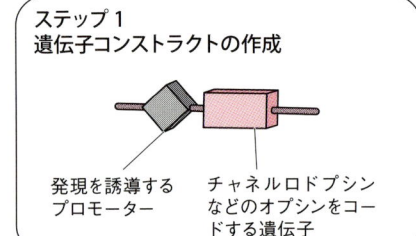

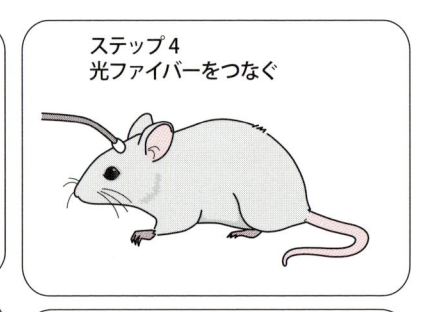

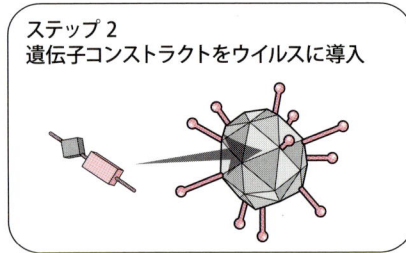

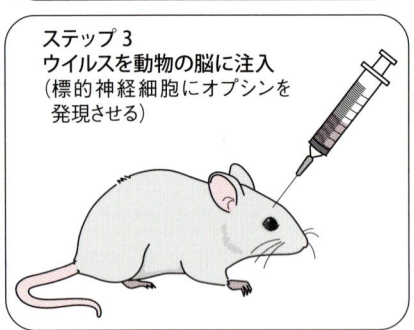

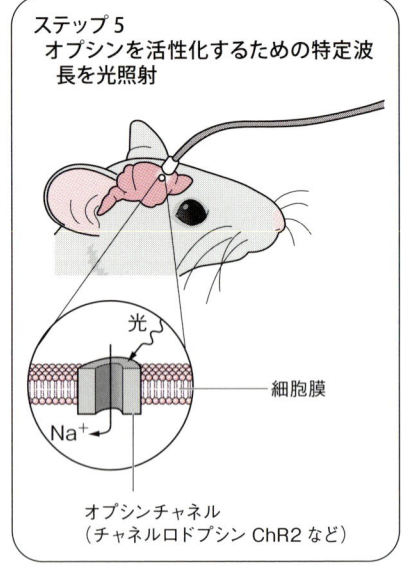

ステップ5
オプシンを活性化するための特定波長を光照射

光／細胞膜／Na^+／オプシンチャネル（チャネルロドプシン ChR2 など）

図5.1　オプトジェネティクスの6段階
光刺激で神経興奮を誘導するためには，標的神経細胞にチャネルロドプシンなどのオプトジェネティクスツールを発現させ，光ファイバーを用いて光照射を行う（Buchen, 2010 を改変）．

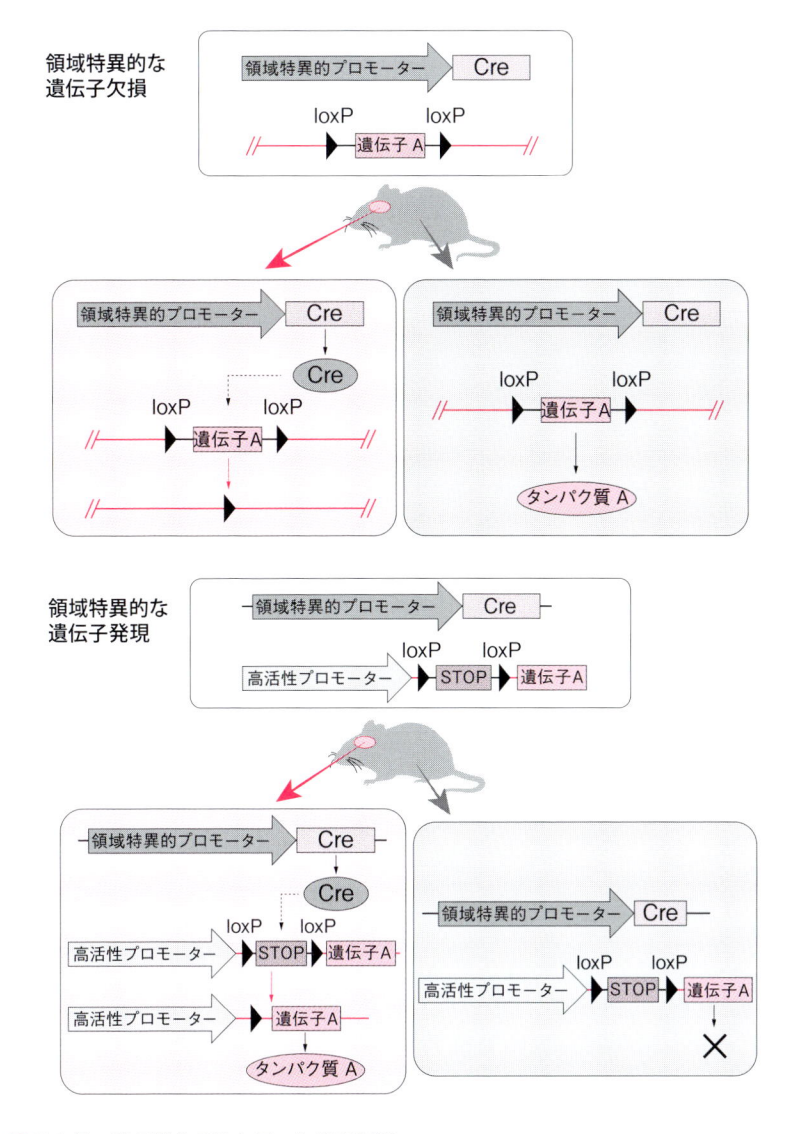

図 5.2 ①　遺伝学的手法を用いた発現制御
　空間的な制御を行うために，領域特異的に発現する遺伝子のプロモーターを利用し，その下流で Cre リコンビナーゼを発現させる．Cre はゲノム中の loxP 配列で挟まれた領域を組換えによって欠損させるため，領域特異的に遺伝子欠損させたい際には標的遺伝子 A 自体を loxP 配列で挟んだトランスジェニック系統を用い，一方，領域特異的に遺伝子発現させたい際には STOP コドンを loxP 配列で挟み，その下流に標的遺伝子 A を繋いだトランスジェニック系統を用いる．

■ 5章　マウスの行動分子遺伝学

タモキシフェン依存的な組み換え制御

CreER

タモキシフェン
CreER

CreER はタモキシフェン存在下でのみリコンビネーション活性をもつ

loxP　loxP

細胞質　核

Tet-Off システム

プロモーター　TetR　VP16AD

DOX　TetR　VP16AD　tTA

DOX−

DOX+
DOX

TetR　VP16AD

TRE　ミニマルプロモーター　　転写　遺伝子 A

TRE プロモーター

タンパク質 A

ドキシサイクリン（DOX）非存在下でのみ
TRE プロモーターの下流の遺伝子が発現する

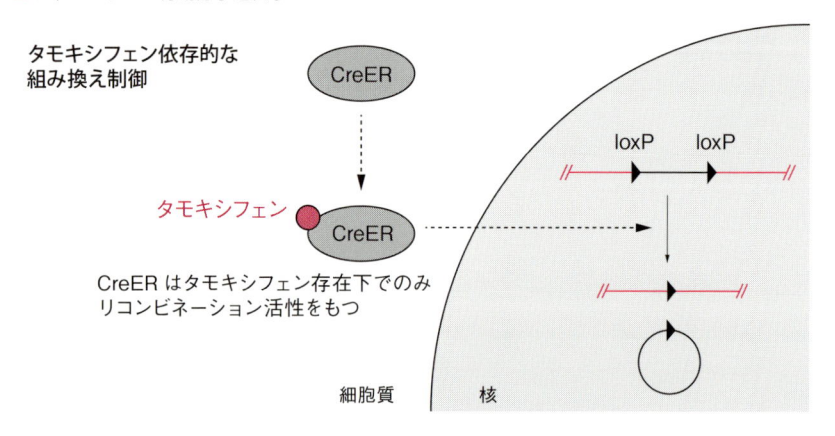

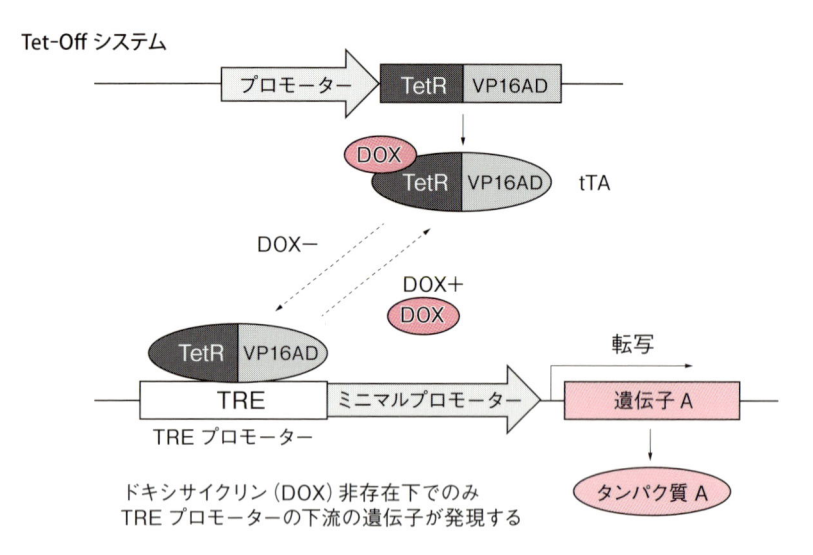

図 5.2 ②　遺伝学的手法を用いた発現制御

一方，時間的な制御を行うためには，タモキシフェン存在下でのみリコンビナーゼ活性をもつ CreER 遺伝子を用いたり，ドキシサイクリン非存在下でのみ下流遺伝子の発現が上昇する Tet-Off システムを組み合わせる．ドキシサイクリンはテトラサイクリン（Tet）系抗生物質の一種であるため，Tet リプレッサータンパク質（TetR）と VP16 活性化ドメイン（VP16AD）を繋げたタンパク質は，ドキシサイクリン（DOX）の非存在下でのみ，テトラサイクリン応答因子（TRE）プロモーター配列に結合することができる．DOX を餌や腹腔注射で薬剤を導入することで，時期特異的に制御することができる．

表現型の解析は，もちろん各研究者の着目している生命現象に応じて多様であるが，神経科学という観点で言うと，電気生理学的な解析，および行動解析が特徴的である．とりわけ，マウスの特筆すべき点としては，「何をアッセイしているか」が明確化している多様な行動アッセイ系が存在していることがあげられよう．行動量（回転輪テスト，赤外線センサー法，トラッキング），情動性（新規ケージテスト，オープンフィールドテスト），不安行動（高架式十字迷路テスト），鬱性（テースサスペンジョンテスト，ポーソルト強制水泳テスト），驚愕反応（プレパルスインヒビションテスト），社会性（スリーチャンバーテスト，侵入者テスト），学習行動（モリスの水迷路，恐怖条件付けテスト，T迷路テスト）などがあげられる（図 5.3）．詳細は，本シリーズの『脳 - 分子・遺伝子・生理 -』（石浦章一ら著）を参考にしていただきたい．

　近年は上記のような古典的に用いられてきた行動テストに，ビデオカメラと個体のトラッキングソフトウェアを用いた行動解析の自動化（ソフト上でマウスの行動軌跡を追い，そこから位置座標，速度，方向ベクトルなど多くの情報を抽出できる）を組み合わせ，より簡単・より客観的に行動評価を行うことが可能となっており，各種変異体や特定の神経回路を修飾した個体の詳細な行動特性解析が進められてきた．1990 年代終わりから 2000 年代初頭では，Cre 系統を用いて「特定の遺伝子を，特定の領域に絞って機能喪失」させたマウスの行動解析が行われてきたが，後述するオプトジェネティクスの台頭により，2000 年代中盤からは「特定の神経細胞や神経回路の興奮を，誘導・喪失」させたマウスの行動解析へと神経科学は様変わりして行く．

5.2　オプトジェネティクスの誕生

　「遺伝子の機能」を検証する方法として，**機能喪失**（loss of function）による必要性の議論と，**強制発現**（gain of function）による十分性の議論とが行われる一方，神経科学分野においても同様に「神経興奮の機能」の検証を目的として人工的な神経興奮阻害・誘導実験が試みられてきた．「人工的な神経興奮誘導」は，18 世紀末にルイージ・ガルヴァーニ（Luigi Galvani）によって行われた電気ショックによる筋肉収縮誘導実験以来，電気ショック

■ 5章　マウスの行動分子遺伝学

恐怖条件付けテスト

高架式十字迷路テスト

モリスの水迷路　隠し踏み台　円形プール

訓練前　　　　　　　　　　訓練後

テール サスペンジョンテスト

オープンフィールドテストと
行動軌跡のトラッキングソフトウェア

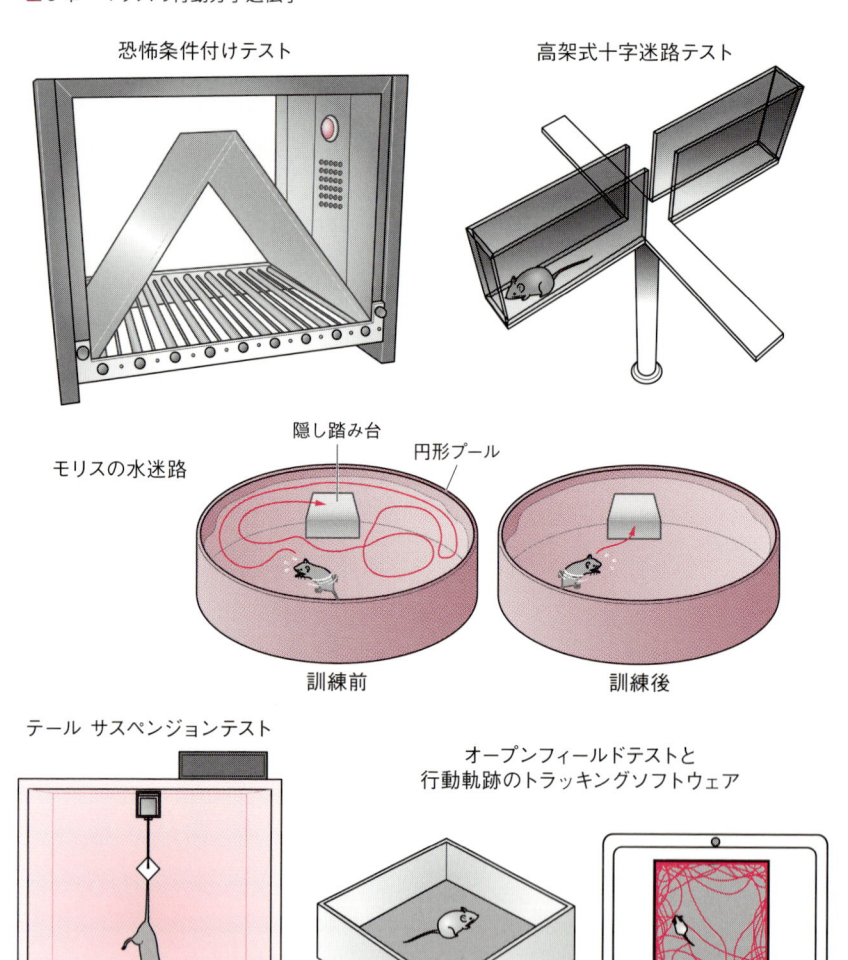

図 5.3　さまざまなマウスの行動アッセイ系
　マウスの既存の行動アッセイ系の一部を示した．これらの系では，「何をアッセイしているか」が明確化されている．たとえば，野生型マウスは高所が苦手であるため，高架式十字迷路テストでは，視界が開けておらず覆われている方のアームを好む．また，オープンフィールドテストでは開けた中央よりも壁面近くを好む．従って，これらスコアが異常であり，開けている方のオープンアームや，開けている中央のフィールドを好むマウスは，「不安行動に異常がある」と結論づけられるコンセンサスがある．

に依存するものが主流であったが，電極による侵襲性があり，かつ電極付近に存在する細胞や軸索を選別無く興奮させてしまうため，標的とする神経細胞の特異的な修飾ができないという問題点があった．他方，薬理学的なアプローチも，時間スケールが神経興奮の速度と比べて圧倒的に遅く，「速度」「非侵襲」「標的細胞への特異性」の 3 点が焦点となり新しい技術の開発が心待ちにされていた．

　DNA の二重らせんモデルの提唱により 1962 年にノーベル生理学・医学賞を受賞していたフランシス・クリック（Francis Crick）は，1979 年に，哺乳類の脳の複雑性を考えた時，電極による刺激では異なるタイプの細胞を区別することができないという問題点を指摘している．「神経科学が直面している主な課題は，脳の中のある特定の細胞の活動性のみを，他の細胞に影響を与えること無く，コントロールすることである」と述べた上で，「光こそがコントロールするための最適な特性を備えている」と予言的な文章を残しているが，その時点で具体的な研究戦略は示唆されなかった．

　この扉を開く発見の種は，実はこの予言の数年前に，神経科学とはまったく関係無い分野から芽吹き始めていた．1971 年，微生物の光駆動性イオンポンプである**バクテリオロドプシン（BR）**の同定である．高度好塩菌のバクテリオロドプシンは，細胞内から細胞外に光依存的にプロトン（H^+）を放出し，その結果生じたプロトン勾配を ATP 合成に利用する．その後，数十年間の研究の末，新たな微生物ロドプシンファミリーが続々と発見され，光に反応してさまざまなイオンを膜透過させて運ぶ膜結合型のイオンポンプやチャネル，すなわち後のオプトジェネティクスの主役となるチャネルロドプシンやハロロドプシンが脚光を浴び始めた．

　ハロロドプシン（HR）は，1977 年に古細菌において初めて発見された光感受性内向き塩化物イオン（Cl^-）ポンプである．バクテリオロドプシンと構造や機能は似ているが，いくつかのアミノ酸残基の変異によって，輸送されるイオンがプロトンではなく負に帯電した塩化物イオンであり，かつ輸送の方向性が細胞外から細胞内へと変化している．つまり光依存的に，細胞を過分極させるポンプである．一方，**チャネルロドプシン（ChR）**は，その 25

■5章 マウスの行動分子遺伝学

年後の 2002 年にドイツのピーター・ヘーゲマン (Peter Hegemann) らによって緑藻類から単離された．バクテリオロドプシンと同様，光刺激で陽イオンを細胞外から内へと流入させるチャネルであり，光を受容するための眼点と呼ばれる細胞小器官に発現していることが明らかとなった．その後，光照射によってプロトンを透過させることが示された．さらに同じグループにより，2 つの ChR のうちチャネルロドプシン 2 (ChR2) が青色光照射によって直接的に Na^+，K^+ などの陽イオンを通過させるチャネルであることが報告された．クリックの予言した，光で神経細胞興奮をもたらす新技術の片鱗が見えてきつつあった．

　しかしながら，神経科学者によって，光感受性イオンポンプが神経科学の世界に応用されるまで，さらに数年が必要であった．「光電流は，神経細胞を効率的に制御するにはあまりに弱く，遅いのではないか？」「哺乳類神経の中では，微生物の膜タンパクはほとんど発現しないか，もしくは細胞毒性をもつのではないか？」「all-*trans* 型レチナール（微生物型ロドプシンの発色団）の量が，組織には不十分であり，添加する必要があるのではないか？」といった疑問の壁の前に，さらなる検証が進められなかったためである．オプトジェネティクスの発明者であるカール・ダイセロス (Karl Deisseroth) は，後に「これらの推測はいずれも — GFP（緑色蛍光タンパク質）の発展を遅らせた推測と驚くほど類似しているが— まったく理論的であったため，実験の遂行を妨げ，誤った方向へと努力が向けられていった」と述べている．

　2005 年になってダイセロスらによって，ChR2 の培養神経細胞への発現と，その神経活動の光誘導が発表された（図 5.4）．その活性化時間は約 1 ミリ秒，光照射をやめてから ChR2 の活性が消えるまで 10〜20 ミリ秒と非常に早く，約 10〜20 Hz で神経興奮を光誘導できることが明らかとなった．まさに心待ちにされていた，「光で神経活動を制御する技術」そのものであった．その翌年にかけて，線虫なども含め，同時期に行われた追加的な論文が多く発表された．2007 年に一部の成熟神経細胞特異的に発現する Thy1 プロモーターを用いたトランスジェニックマウス系統の作出により，マウスの生体内で応用可能なことが示され，これらのバクテリオロドプシン，チャネルロド

5.2 オプトジェネティクスの誕生

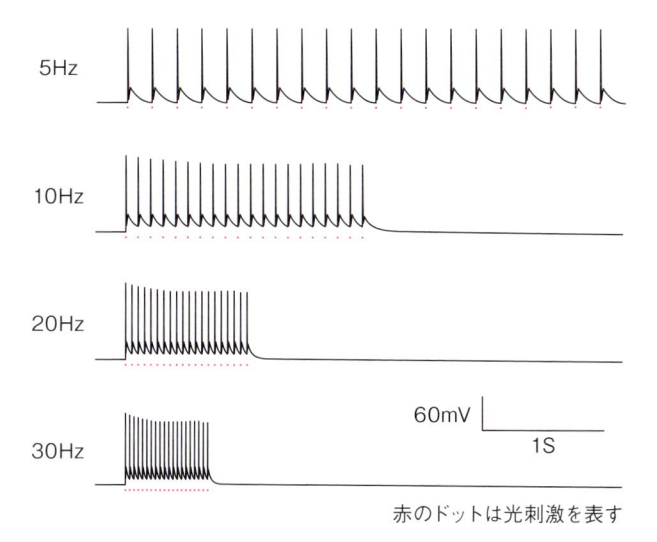

図 5.4　さまざまな周波数での光刺激
チャネルロドプシンを発現させた海馬の神経細胞に，異なる頻度の光刺激を与えた時の神経活動の様子を示した．2005年のダイセロスのグループから発表されたこの論文により，神経科学は大きく発展することになったのである（Boyden *et al.*, 2005 を改変）．

プシン，ハロドプシンなどはすべて，哺乳類の神経における光による神経興奮制御ツールとして機能するということが徐々に明らかになってきた．

　上述した疑問点も，徐々に杞憂であることが示されていった．ChR2 自体のコンダクタンスは 40 〜 150 fS（フェムトシーメンス）と非常に小さく，リガンド依存性イオンチャネルや膜電位依存性チャネルと比較して数十分の 1 〜数百分の 1 であるが，大量の ChR2 を神経細胞表面に発現させ光を照射することにより人為的な Na^+ 流入による神経興奮誘導が可能となること，また，成熟した哺乳類の脳を含む脊椎動物の組織には，十分量の *all-trans* 型レチナールが含まれていることなどが報告された．2006年，J. Neuroscience の中でダイセロスは，光学（optics）と遺伝学（genetics）を融合させたこの新技術に「**光遺伝学（optogenetics）**」と名づけ，このジャーナルの表紙を飾り，続く 2010 年には全分野中から Nature Methods が選ぶ "Methods of the year"にオプトジェネティクスが選出された．神経科学における，新時代の幕開けである．

5.3　オプトジェネティクスの発展

しばしば，オプトジェネティクスは「光で神経興奮が制御できること」に焦点が当てられ，「超音波で興奮制御したらどうか？　磁気で興奮制御したらどうか？」という声を耳にする．実際，磁気に関しては**経頭蓋磁気刺激法**（Transcranial magnetic stimulation, TMS）という急激な磁場の変化によって，局所電流を起こす方法が開発されており，ヒトにおける認知神経科学や精神疾患治療などに応用されているが，これらとオプトジェネティクスは遺伝学的要素の利用の有無により一線を画すものである．タンパク質のイオンチャネルであるオプトジェネティクスのツールは，大きく2つのメリットをもっている．1つは，前述の"クリックの予言"にもあるように，プロモーターを変えるなどの従来のモデル動物の遺伝学と組み合わせることにより，単一の標的細胞（集団）に対して特異的にアプローチすることが可能であり（図5.5），近年ではさらに，ウイルス顕微注入位置や光ファイバーを埋め込む位置を工夫することで，より少数の細胞集団へのアプローチが可能である点である（図5.6）．もう1つは，タンパク質に変異を導入することにより，わずかに特性の異なるチャネルを人工的に開発できる点である．

GFP（緑色蛍光タンパク質）も発見後に，変異の導入によりEGFP, YFP, Venusなど，多岐にわたる性質の異なる蛍光タンパク質が開発されたのと同様に，ChR2も，レチナールを取り囲むアミノ酸残基の電荷に狙いをつけた点変異導入法により，変異改変型が精力的に開発されてきた（図5.7）．ChR2，HRの場合，① 開口時間・電流流入量，② 活性化させるための波長，③ 新しい特性，の三点に主眼が置かれ，開発が進んでいる．ここではChR2にのみ焦点を当てて，概説したい．

開口時間と電流流入量は正比例の関係にあり，一般的に開口時間が長ければ，流入量も多くなる．134番目のHisをArgに変えたH134Rは，チャネルの閉口時定数が大きくなり時間解像度が悪くなった一方で，電

5.3 オプトジェネティクスの発展

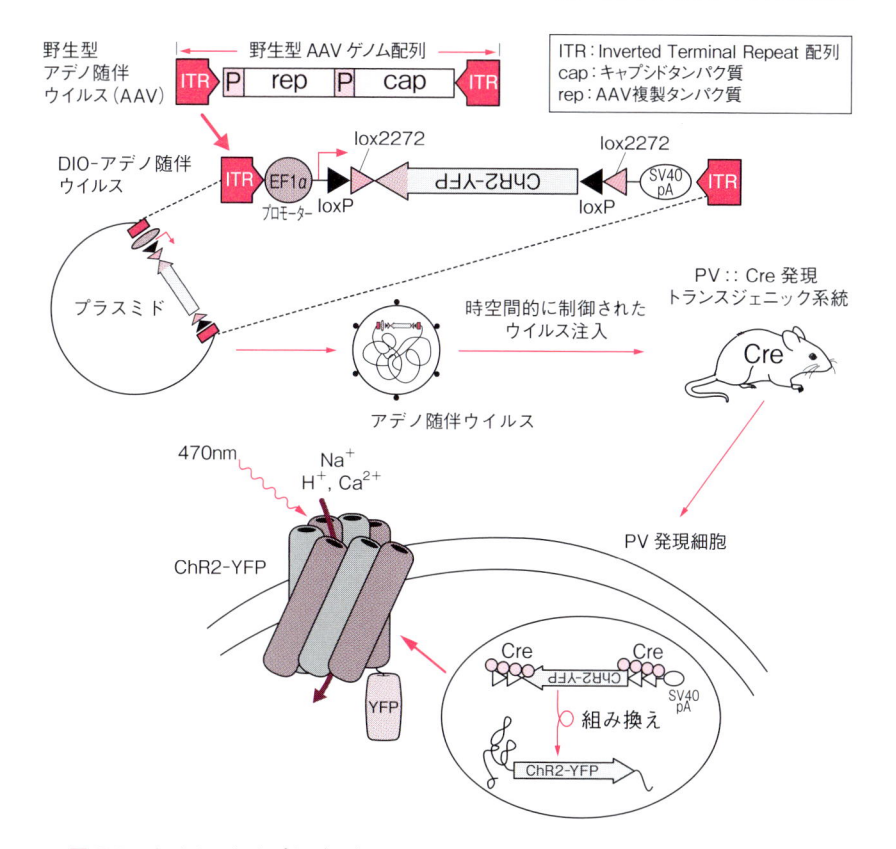

図5.5 ウイルスとオプトジェネティクスの組み合わせ
アデノ随伴ウイルス（AAV）は危険性が比較的少なく，かつ，強い発現活性を示すため，光電流量を多く必要とするオプトジェネティクスとの相性が良い．近年はDIO (double-floxed inverted open-reading-frame)-アデノ随伴ウイルスを用いて，目的のCre発現トランスジェニック系統マウスに顕微注入することが一般的になっている．図中では，GABA作動性ニューロンに発現するパルブアルブミン (PV) 遺伝子下流にCreを発現するマウスを用いて，GABA作動性ニューロンの興奮を修飾する例を示した．DIOは図5.2のloxP配列を改変したもので，Cre依存的にloxPとlox2272で挟まれた配列が回転し発現が誘導され，Cre非依存的なリーク発現が少ないという特徴をもっている（Urban et al., 2012を改変）．

流流入が約2倍に大きくなることが報告され，現在，膜発現効率の高いChR2(H134R)やChR2(T159C)は低頻度スパイク輸送体として汎用されている．さらに，閉口時定数の小さくなったChETAシリーズ（ChR2(E123A),

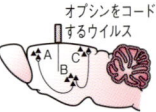

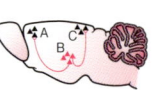

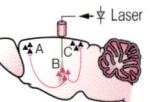

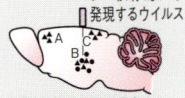

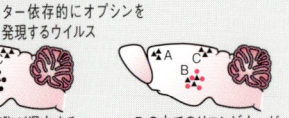

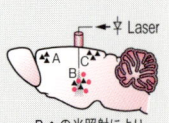

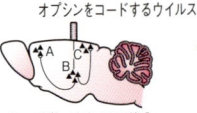

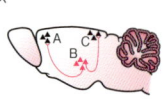

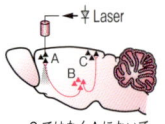

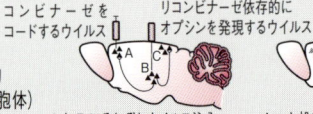

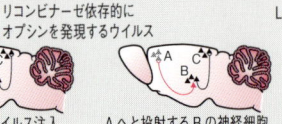

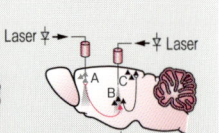

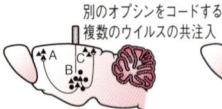

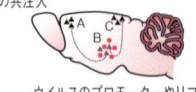

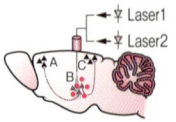

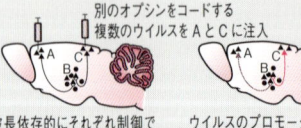

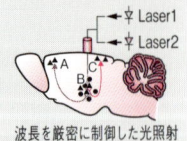

図 5.6　より少数の細胞集団へのアプローチ
　ウイルスのデザイン（プロモーターや発現遺伝子など），ウイルスの顕微注入位置，外から光刺激を与えるための光ファイバーの位置を工夫することによって，限られた細胞集団のみに対してアプローチすることができる．このような遺伝学的手法を駆使することができるのが，他の刺激方法と比較して，オプトジェネティクスのもっている強みであると言える（Yizhar *et al.*, 2011a を改変）．

5.3 オプトジェネティクスの発展

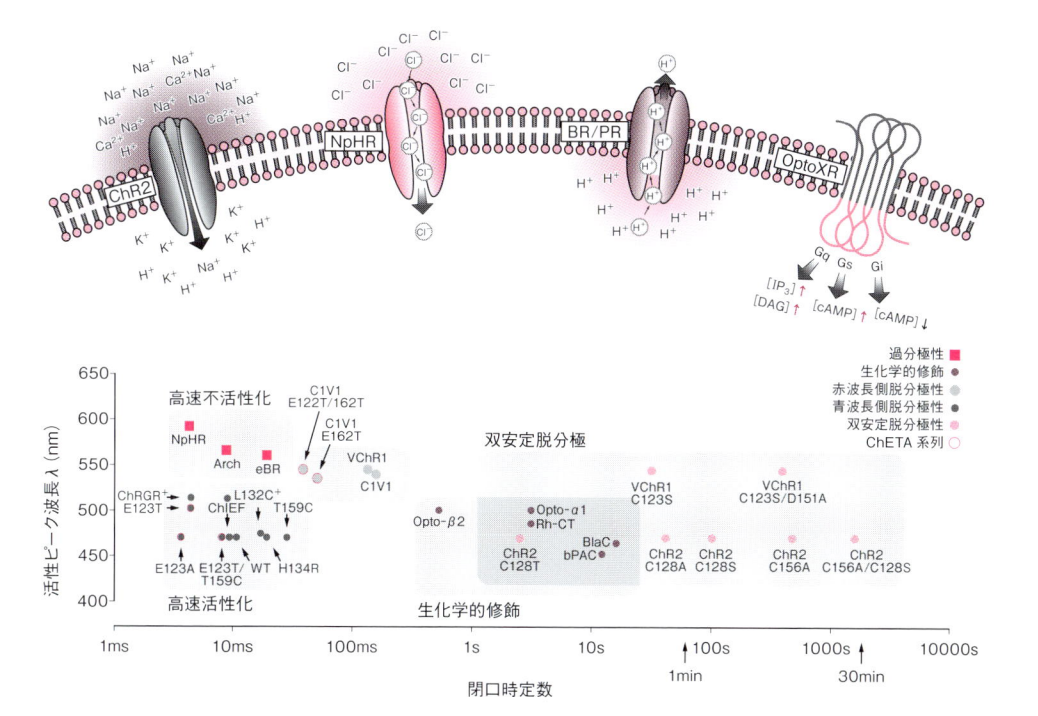

図5.7 多様な改変型オプトジェネティクスツール

オプトジェネティクスの4つの基本ツールを示した（上）．チャネルロドプシン（ChR2），ハロロドプシン（NpHR），プロトンポンプであるバクテリオロドプシンとプロテオロドプシン（BR/PR），光活性化膜結合型Gタンパク質共役受容体（OptoXR）．なお，ハロロドプシン（HR）の中で現在は，ハロバクテリウム科のなかの *Natronomonas* 属からクローニングされたタンパク質（NpHR）が実験的に重用されている．また，それぞれの改変型タンパク質について，チャネル閉口時定数と活性ピーク波長の特徴を示した（下）．たとえば，本文中で紹介したChR2(C128A)は，450〜500 nmの波長でチャネルが開き，その後閉じるまでに1分程度かかることがわかる．現在では，標的とする神経細胞の生理状態や，どのような興奮をどのようなタイミングで与えたいかといった目的に応じて適切なツールを選べるようになっている（Yizhar *et al.*, 2011a を改変）．

ChR2(E123T)，ChR2(E123T/T159C)）や，ChR1とChR2のキメラ体に点変異を導入したChIEF，ChRFRといったチャネルは，いかに膜発現効率を上げられるか，また脱感作を小さくできるかという視点をもって開発され，大

きな光電流を誘導できる最速の光駆動型チャネルとして，非常に高頻度の神経興奮誘導を可能にした．

逆に，**SFO**（step-function opsin）と呼ばれる ChR2 (C128T)，ChR2 (C128A)，ChR2 (C128S)，ChR2 (D156A) や，**SSFO**（stable step-function opsin）と呼ばれる ChR2 (C128S/D156A) は，閉口時定数が数十秒から数分と長く，光照射を終了しても光電流を流し続ける．従って，非常に微弱な照射光であっても活性中間体の蓄積とともに大きな光電流が得られるため，深部の神経細胞の修飾に向いている．さらに興味深いことに，この活性中間体は 520 nm 付近の緑色光を吸収しチャネルが閉じた状態へと戻るため，光電流を自在に ON/OFF（470 nm で活性化，590 nm で不活性化）することができるという新しい特性をもっている．

また，ChR2 は本来青色付近に最大吸収ピークをもつチャネルであるが，同時に複数の神経細胞集団を自在に興奮制御するために，異なる波長のオプトジェネティクスツールの開発も並行して進められた．C1V1 は，ボルボックスから同定された 540 nm 付近にピークをもつ VChR1 をベースに，十分な光電流を得られるよう，一部 ChR1 の構造を導入したキメラ分子である．現在も，この分子をベースに C1V1 (E162T) など新たな改変型の開発が進んでいる．

いずれにせよ，標的神経細胞が本来もっている活動特性に応じて適切な速度のツールを選択し，位置している深度や実験目的によって，さらにツールを絞りこむということが可能なレベルまで新型オプトジェネティクスツールの開発は進んでいると言えよう．今後，より吸収波長領域が狭いツールの開発が進み，同時に 3 種類，4 種類の興奮制御ができる時代がやってくるかもしれない．それでは，オプトジェネティクスによってどのような生命現象が新たに解明されてきたのかを具体的に俯瞰していこう．

5.4　記憶・学習行動への適用

記憶・学習の神経基盤解析は，長く神経科学者を魅了してきたテーマの 1 つである．カナダの脳外科のワイルダー・ペンフィールド（Wilder Penfield）は，1933 年に癲癇患者の治療のために患者の側頭葉の外科的な切

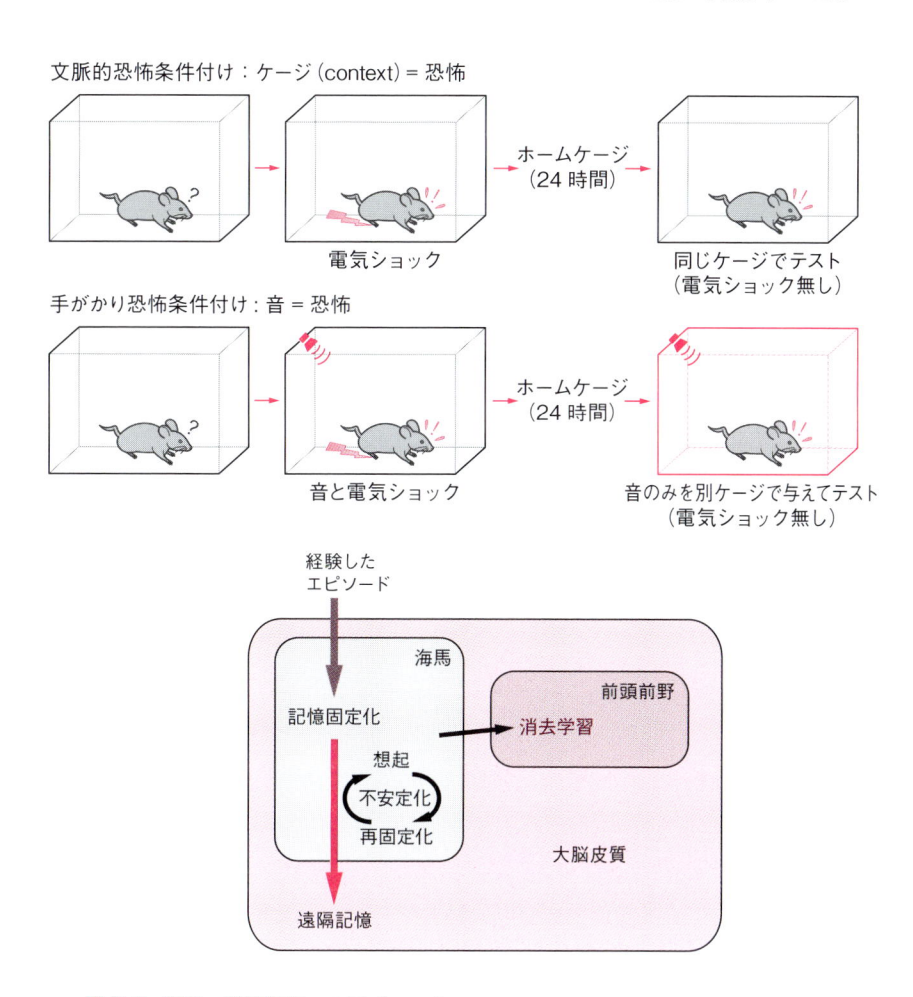

図 5.8 記憶・学習研究へのアプローチ

記憶・学習のプロセスについてまとめた．とりわけ，記憶の固定化と想起について積極的な研究が行われてきており，文脈的恐怖条件付けテストと手がかり恐怖条件付けテストが，記憶学習研究における有名な行動アッセイ系として汎用化されている．文脈的恐怖条件付けテストは，あるケージのなかで同時に電気ショックに晒されることで，ケージと恐怖を連合学習する系であり，この学習は海馬依存的である．一方，手がかり恐怖条件付けテストは，音という手がかり刺激と恐怖を連合学習する系であり，この学習は海馬非依存的であることがわかっている．下図は，文脈的恐怖条件付けの際に脳内で生じる情報処理について，現在推定されているモデルである（上図は Dantzer *et al.*, 2008 を改変）．

■5章　マウスの行動分子遺伝学

除手術を執刀していたが，その開頭手術中に，露出した脳の表面に弱い電流を流し電気的に刺激したところ，患者はピアノ伴奏を伴うオーケストラの旋律や，かつて勤務していた事務所の光景などの「過去の記憶」が人工的に想起されるという現象を発見したのである．すなわち，ペンフィールドが刺激した神経細胞，あるいは回路には，過去の記憶情報が蓄えられていると考えることができる．

「記憶はどこに貯蔵されているのか？」は，根源的であり非常に興味深い問いである．一口に記憶と表現しても，記憶の質や学習後のタイミング依存的に貯蔵されている場所は異なるからだ．一般的な記憶形成のスキームを図 5.8 に示した．体験学習の情報は初めに**海馬**へと送られ，不安定化，想起，再固定化のプロセスを経ながらより長期の記憶へと質を変化させてゆく．忘れるべき記憶は前頭前野へと送られ消去記憶（extinction memory）となる一方，くり返し増強された記憶の情報は大脳皮質へと送られ遠隔記憶（remote memory）として長期に渡って貯蔵されると考えられている．過去の記憶が暗号化され貯蔵されている神経回路ネットワークの様を**記憶痕跡（memory engram）**と表現する．したがって前述の問いは「記憶痕跡はどこに存在しているのか？」と言い換えることができる．

2012 年に利根川 進（マサチューセッツ工科大学）らのグループにより，パブロフ型の**文脈的恐怖条件付け（contextual fear conditioning）**の記憶痕跡がどこに存在しているかの検証がオプトジェネティクスを用いて行われた（図 5.9 左）．初期応答遺伝子 *c-fos* は継続して興奮している神経細胞内において素早く，かつ一過的に発現する遺伝子である．遺伝学的手法を組み合わせ，*c-fos* プロモーターを用いて，ある特定の条件（context）で興奮した海馬歯状回の神経細胞にのみ ChR2 が発現するように工夫をした（具体的には，*c-fos*:tTA トランスジェニック系統の海馬歯状回に，アデノ随伴ウイルス AAV-TRE-ChR2-EYFP を顕微注入し，DOX（ドキシサイクリン）非存在下でのみ ChR2 が興奮神経細胞に発現するようにした）．この系を用い，行動実験ケージ A にいる状態で足への電気ショックを与える文脈恐怖条件付けを行い，その際に海馬で興奮した細胞集団に ChR2 を発現させた．その後，まっ

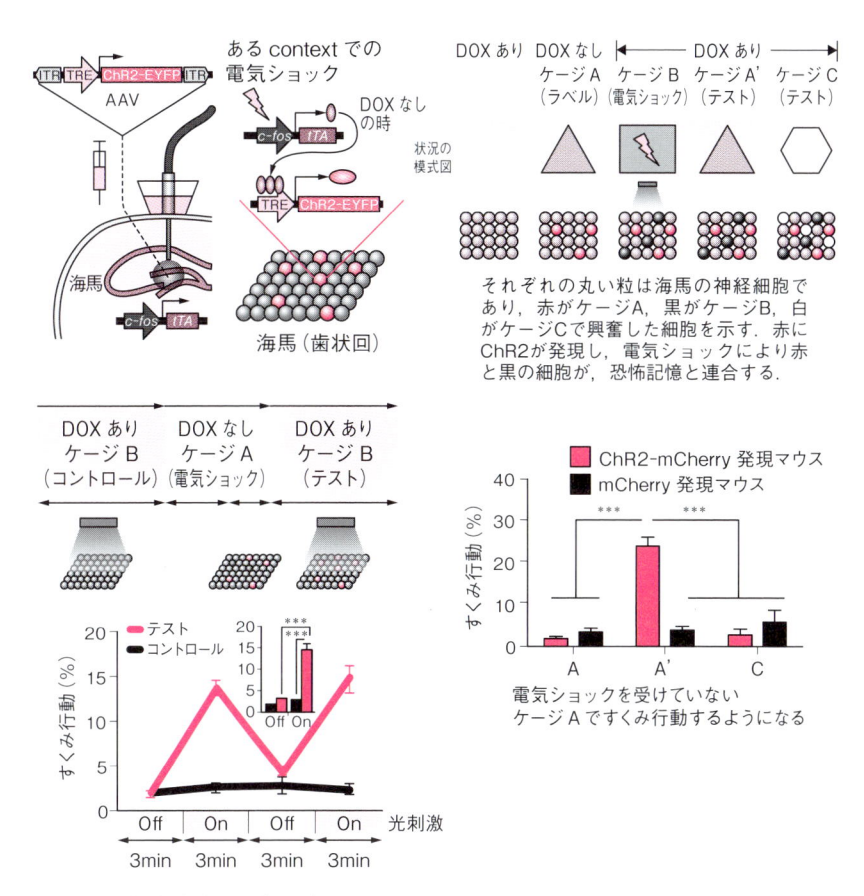

図 5.9　記憶痕跡（エングラム）を利用した人工的な記憶操作

c-fos プロモーターと Tet-OFF システムを組み合わせることにより,「DOX が非存在下の時に, 興奮した細胞で ChR2 を発現させ, "ラベルする"」という実験デザインを組み上げた. TRE-ChR2 を発現する AAV を海馬へと顕微注入した後に, 海馬（歯状回）に光が届くようにインプラントを埋め込んだ. 興奮依存的に発現上昇する *c-fos* プロモーターによって tTA が合成され, DOX なしのケージ A で電気ショックを受けた時のみ, tTA は TRE プロモーターに結合し, 興奮した細胞は ChR2-EYFP を発現させる. その後, 再び, DOX ありの条件でケージ B で光刺激をすると（テスト）, 電気ショックによって ChR2 を発現させる前（コントロール）と異なり, マウスは恐怖を人工的に想起させられ, すくみ行動を示した（左, Liu *et al.*, 2012 を改変）. 同様の系を用いて, 電気ショックは存在しないケージ A の細胞をラベルし, 電気ショックの情報と人工的に連合させることで, マウスは安全なはずのケージ A でもすくみ行動を示した。1回目のケージ A と比較して, 2回目のケージ A（ケージ A'）ではすくみ行動の時間が上昇していることがわかる. この現象は, ChR2 による興奮誘導依存的な現象であり, さらに, またまったく異なるケージ C ではすくみ行動は観察されなかったことからケージ A 特異的な連合学習である. 図中, *は「有意差あり」を示す（右, Ramirez *et al.*, 2013 を改変）.

■5章　マウスの行動分子遺伝学

たく異なるケージ B で海馬特異的に光刺激を与え ChR2 でラベルした細胞集団を再興奮させると，マウスはあたかも自分がケージ A にいるかのように勘違いをし，明確な恐怖行動特異的な**すくみ行動**を引き起こしたのである．この結果は，恐怖記憶の記憶痕跡が確かに歯状回に存在していること，またその記憶をオプトジェネティクスにより人工的に想起できることを示唆している．数日前に起きた素晴らしい思い出の記憶を，ボタン1つであたかも今起きているように引き起こし，同じ気持ちになれる時代が近い未来にやって来るかもしれない．

　続く 2013 年，同じく利根川らのグループによって，世界初の記憶の人工的な操作の研究が Science に発表された(図 5.9 右)．上述の系を用いて，まったく関係の無い記憶に恐怖の情報を人工的に付加したのである．具体的には，ケージ A において興奮する海馬歯状回の神経細胞を ChR2 でラベルした上で，まったく異なるケージ B において光照射（すなわち，図中で赤く示したケージ A の神経細胞を興奮させる）しながら，電気ショックを与えた．その後，マウスを再度ケージ A に入れると，本来なら恐怖を感じるはずのないケージであるにも関わらず，マウスは有意にすくみ行動を示したのである．この結果は，ケージ A の神経細胞を興奮させながら，恐怖を与えることによって，ケージ A の神経細胞と恐怖反応の間を連合する回路を人工的に作製し，**過誤記憶（false memory）**を埋め込むことに成功したことを示唆している．2010 年に放映された映画『インセプション』にイマジネーションを得た彼らは，この研究プロジェクトを "メモリーインセプション" と題しているが，このような SF の世界も夢物語ではないのかもしれない．

　他方，恐怖記憶は，過去に経験した危険に対して警戒し，素早く適切な忌避的行動を行わせるための適応的意義を有するが，それも行き過ぎると問題となる．戦争などの非常に危機的な経験によって心に衝撃的な損傷を負った結果，日常生活内においてもさまざまなストレス障害を示すようになってしまう精神疾患が**心的外傷後ストレス障害（PTSD）**である．このように，条件付けや学習の効果が，初めに条件付けされた刺激以外の刺激に対しても見られることを「**記憶の般化（memory generalization）**」という．パニック

障害（panic disorder）をもつ患者では，一度電車の中で心悸亢進や大量発汗を伴うパニック発作を起こして不安を感じた後に，違う日の電車やバスでも同じようなパニック発作を起こすのではないかという予期不安が起こりやすくなるが，これも般化の一種であると言える．マウスにおいても同様に，あるケージの中で文脈的恐怖条件付けを行い，似たようなケージの中ですくみ行動が起きるかどうかを定量化する行動実験で，般化の程度を検証することができる．

内側前頭前野（medial prefrontal cortex, mPFC）は，消去記憶の形成や恐怖記憶の般化などの機能を担う，記憶情報プロセシングの中枢の1つである．海馬から多くの軸索が内側前頭前野に投射されている一方，内側前頭前野から直接海馬へと戻る軸索は見つかっていない．近年，トーマス・シュドフ（Thomas Südhof）らのグループにより，内側前頭前野との間で相互に軸索を伝え合っている**結合核**（nucleuse reuniens, NR）が海馬へと投射していることが報告され，結合核を介した内側前頭前野から海馬への情報伝達回路の機能が着目されている（図5.10）．

具体的には，連結しているシナプスを越えることができる WGA-Cre（レクチン融合型 Cre リコンビナーゼ，図5.6の神経投射先細胞特異的なアプローチを参照）を利用して，内側前頭前野に DIO-テタヌス毒素発現アデノ随伴ウイルスを，一方，結合核に WGA-Cre 発現アデノ随伴ウイルスを顕微注入した（double-floxed inverted open-reading-frame, DIO は Cre による組み換え依存的に回転し，挟まれた機能タンパク質の遺伝子を転写できるようになる配列．図5.5を参照）．その結果，遺伝学的に内側前頭前野から結合核への入力を主に不活化させることができ，そのようなマウスでは恐怖記憶の般化が促進する，すなわち PTSD 様行動が生じることが見いだされた．

さらに，結合核の神経細胞自体に着目し，テタヌス毒素で不活性化させた際も，同様に恐怖記憶の般化が促進し，逆に neuroligin-2 の発現抑制によりシナプス抑制を阻害し，継続的に活性化させた際には般化は抑制された．興味深いことに，記憶獲得の際にオプトジェネティクスにより結合核の神経興奮を人工的に興奮させ，行動表現型を調べたところ，6分間のトレーニ

■5章 マウスの行動分子遺伝学

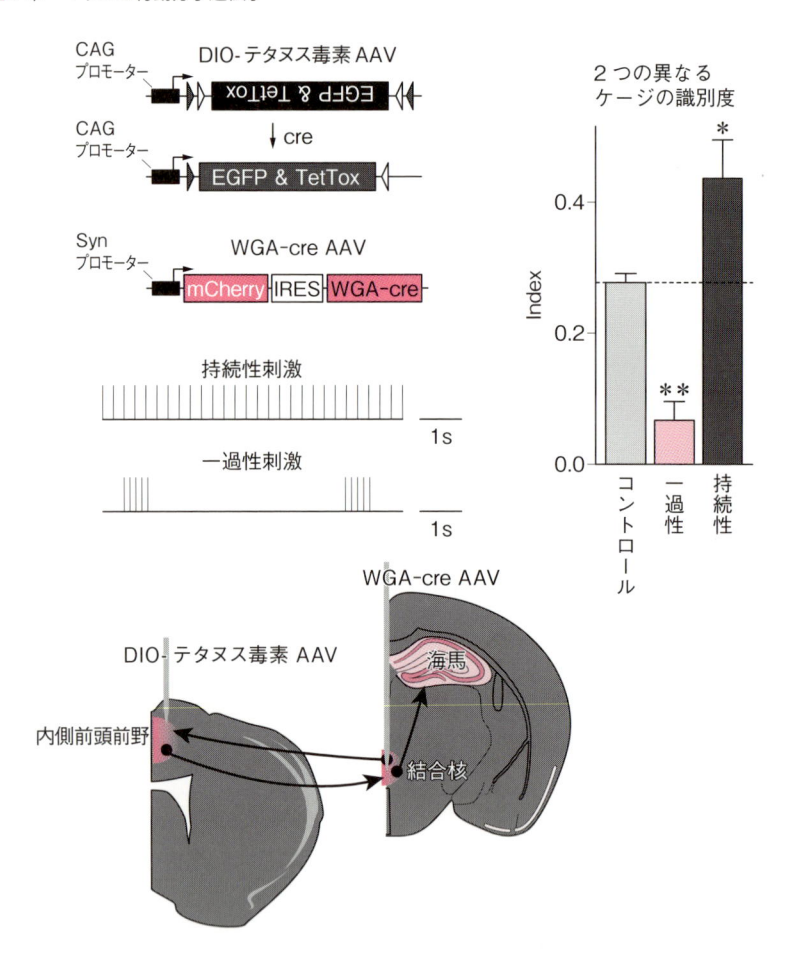

図5.10 記憶の般化
Creのリコンビネーション依存的に神経興奮の伝達を阻害するテタヌス毒素（TetTox）を発現するアデノ随伴ウイルス（AAV）と，感染した細胞からシナプス結合を飛び越えて Cre遺伝子を発現させる WGA-Cre 発現アデノ随伴ウイルスのデザインを示した．前者を内側前頭前野に，後者を結合核に顕微注入することで，この間の投射を分子遺伝学的に阻害することができる．標的神経回路を持続性刺激と一過性刺激という2つのパターンで刺激すると，前者では2つの異なるケージの識別度が上がる（つまり，記憶の般化が抑制される）のに対し，後者では下がる（記憶の般化が促進される）ことが明らかになった．神経細胞が興奮するだけではなく，興奮のパターンが情報をもっていることを示している．図中，＊は「有意差あり」を示す（Xu & Südhof, 2013を改変）．

ングの最中に，4 Hz の**持続性刺激**（tonic stimulation）が維持され続けた場合には般化が抑制されるのに対し，0.5 秒間 30 Hz（15 回のパルス）刺激した後，5 秒間刺激無しという刺激パターンをくり返す**一過性刺激**（phasic stimulation）の場合には般化が促進されることを見いだした．すなわち，結合核から海馬への投射，あるいは内側前頭前野へとフィードバックされる投射が，般化の促進と抑制を二相的に制御していることを示唆している．この研究において，神経興奮制御のために ChR2 の改変型であり時間解像度に優れている ChIEF（図 5.7 参照）を用いることで，持続性刺激と一過性刺激を使い分けるアプローチは，最先端のオプトジェネティクスならではと言えるだろう．

5.5 情動行動への適用

前節で論じたように，記憶・学習研究では電気ショックによる恐怖感情や餌などの報酬を何か別の物と連合させ，すくみ行動や場所選択性を指標として行動解析することが多いため，**扁桃体**を中心とした情動研究と切っても切れない関係にある．本節では，「何かに対して恐怖を抱くようになる」という学習と絡めた恐怖感情の成り立ちと，「漠然と何かに対して負の感情を抱く」という不安感の神経基盤について，最新の研究を取り上げてみよう．

古典的にハインリヒ・クリューヴァー（Heinrich Klüver）とポール・ビューシー（Paul Bucy）によって，両側の側頭葉切断手術を受けたアカゲザルは恐怖状況に対する反応が劇的に減じることが示され，**クリューヴァー・ビューシー症候群**と名づけられた．後の研究によって，この現象は扁桃体の除去が原因だとわかり，扁桃体は情動を司る中枢として注目されるようになった．ヒトにおいても，fMRI 研究によって，ヒト健常者は他人の恐怖の表情を見ると扁桃体が顕著に興奮することが示され，疾患研究により扁桃体が選択的に失われた患者（S.M. さん）は正常な知能をもち，写真に写ったヒトの顔も認識できるにも関わらず，怒りや恐怖の表情だけが理解ができないという症状を示すことが報告された．扁桃体は種々の神経亜核の集合として形成されており，互いに複雑な神経接続をもっている（図 5.11）．

■ 5章　マウスの行動分子遺伝学

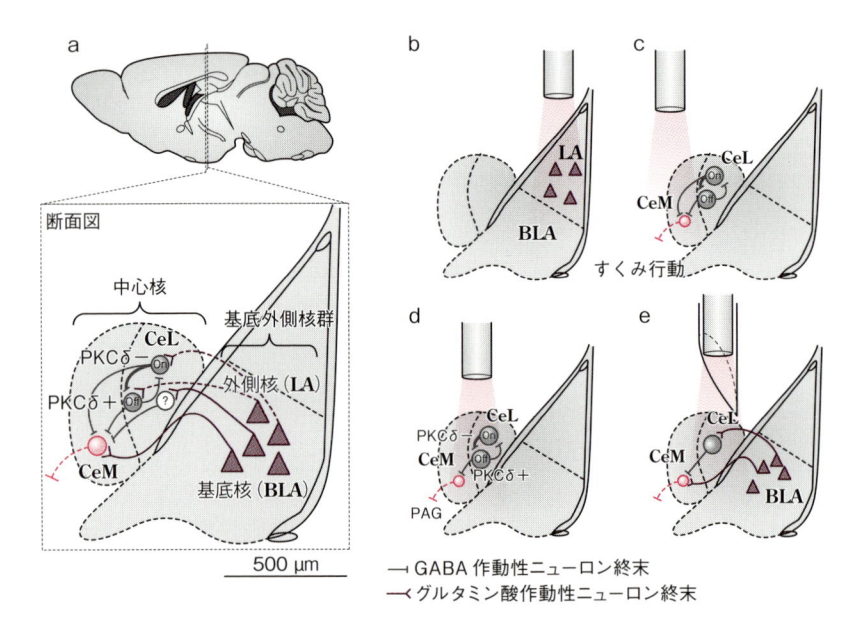

図 5.11　扁桃体研究のまとめ
本節で紹介した扁桃体に関与する情動研究のモデルを a にまとめた．CeL ON 細胞や CeM への投射以外にも CeM の抑制に働きうる仮想の投射も記した．b がルドゥー，c がルッチ，d がアンダーソン，e がダイセロスの研究に対応している（Tye & Deisseroth, 2012 を改変）．

　解剖学的には，基底外側核群と皮質内側核群と中心核（central amygdala, CeA；図 5.11 の CeL と CeM を合わせて CeA と言う）という 3 つの構造体から成り立っており，基底外側核群はさらに外側核（lateral amygdala, LA）と基底核（basolateral amygdala, BLA）と副基底核に，皮質内側核群は内側核と皮質核に分けられる．脳の多様な領域との間，かつ，扁桃体内の亜核の間が，入力・出力の関係で結ばれているが，マウスでは LA，BLA，CeA が主要な研究対象となっており，これらの中で LA は音のような条件刺激と電気ショックのような非条件刺激の連合や記憶の貯蔵を司り，CeA が脳幹への投射を介して恐怖や不安行動の発現を制御するための最終的な出力系として機能することが報告されている．
　とりわけ恐怖記憶の情報処理では，LA のグルタミン酸作動性の**錐体ニュー**

ロンがその中心的役割を担うと考えられていた．具体的には，パブロフ型の**手がかり恐怖条件付け**（cued fear conditiong）課題では，音と電気ショックを同時に与えられたマウスは，音のみによってすくみ行動を示すようになるが，この恐怖学習の神経基盤の本質的な要素は，LAの錐体ニューロンにおける **Hebb型のシナプス**可塑性だと考えられていた．すなわち，電気ショックという忌避すべき情報は，LAの錐体ニューロンに入力され神経興奮を引き起こし，同時に音という手がかり刺激が入力されることで，錐体ニューロン上のシナプスが強化されるというモデルである．しかしながら，LAにはローカルなGABA作動性の介在ニューロンも存在していたため，何らかの調節性の他の神経細胞が仲介している可能性などを排除しきれず，直接的な証明は無かった．近年，ジョセフ・ルドゥー（Joseph LeDoux）らは，グルタミン酸作動性の錐体ニューロンのみを修飾する目的で，錐体ニューロンで発現する *CaMK II* プロモーターの下流でChR2が発現するAAVをLAのみに顕微注入し，分子遺伝学的に切り分けて刺激することを試みた（図5.11b）(Johansen *et al.*, 2010)．すると，ChR2でグルタミン酸作動性ニューロンのみを光刺激しながら音を聞かせたマウスは，電気ショックを与えていないにも関わらず，その後に音のみによってすくみ行動を示し，音と恐怖の間でのパブロフ型の手がかり条件付け（cued fear conditiong）を人工的に成立させることに成功した．この結果は，LAの錐体ニューロンにおけるHebb型のシナプス仮説を強く支持するものであった．

前述の，最終的な出力系として機能するCeAも，条件付けの際の不活性化や，局所的なNMDA受容体の阻害剤の顕微注入により記憶の獲得が阻害される点から，単なる出力系としてだけではなく，記憶の獲得と発現に対して何らかの機能を担っていることが明らかとなってきており，それらの神経細胞の挙動が近年注目され始めた．CeAは詳細に観察すると，内側のCeMと外側のCeLという神経細胞の小集団に分割することができ，機能を分担している（図5.11a）．CeAの出力ニューロンの大半はCeMに集中しており，これらは脳幹や視床下部の標的細胞へと投射し，協調的にすくみ行動の発現などの運動系の制御を行うと考えられており，一方でCeLのGABA作

動性ニューロンは強力に CeM の神経細胞を抑制的に制御していることがわかっていた．アンドレアス・ルッチ（Andreas Luthi）らは，ChR2 を発現する AAV や，GABA 受容体阻害剤のムシモールを局所的に注入する実験と電気生理学的な解析を併せて，CeM と CeL 間の微小回路の機能の詳細を探索した（図 5.11c）(Ciocchi *et al*., 2010)．その結果，CeM の神経細胞は学習成立後の条件刺激に対して興奮する性質があることを示し，さらに ChR2 で光刺激したときには顕著にすくみ行動を示すことと併せて，興奮性ニューロンとして最終的な「恐怖行動の発現」の機能を担っていることが明確になった（いわば，これまでの CeA として知られている機能そのものである）．一方で，CeL の GABA 作動性ニューロンは，抑制性ニューロンとして CeM の回路を抑制しているだけではなく，GABA 受容体作動薬のムシモールで不活性化したときには恐怖記憶学習が成立しないことを示し，「恐怖学習の獲得」の機能を担っていることが明らかとなった．さらに，電気生理学的な解析を行うことで CeL の細胞集団は，条件付け刺激が来た時に神経興奮が増加する CeL ON 細胞と，神経興奮が減少する CeL OFF 細胞に大別され，これらの細胞間には相互的に抑制し合う関係があることが示され，この CeA 内での機能分担構造とスイッチング機構をまとめて 2010 年に Nature に発表した．

　この Nature の同じ号では，ルッチらと共同研究していたディビッド・アンダーソン（David Anderson）らによって，CeL OFF 細胞が PKCδ（**プロテインキナーゼ C**）陽性，CeL ON 細胞が PKCδ 陰性であることに着目して，この遺伝子のプロモーターを利用することで遺伝学的に両者を切り分け，さらなる機能解析が深められている（図 5.11d）(Haubensak *et al*., 2010)．CeL OFF 細胞と ON 細胞間の相互的な抑制関係を ChR2 を用いて再検証した上で，どちらの細胞が CeM の最終出力ニューロンを制御しているかの検証が行われた．CeM の最終出力ニューロンは，具体的には**中脳水道周囲灰白質（peri-aqueductal grey, PAG）**に投射して，すくみ行動を誘導するのが既知であったため，PAG に逆行性トレーサーである蛍光標識コレラ毒素サブユニット B（CTB）を顕微注入し，CTB 陽性の CeM ニューロンの電気的な興奮が PKC 陽性の CeL OFF 細胞の ChR2 による光刺激で抑制されることを見

いだし，CeL OFF 細胞が CeM の最終出力ニューロンの制御を行っている可能性を強く示唆した．

さて，ここまで学習にからめた恐怖感情について見てきたが，他方，近接した回路が「不安感」をも司っているようだ．明確な対象も無く恐怖を覚えたり，その恐怖に対して自己の精神や身体が対処できないことを，心理学的には「不安」と定義し，過度な不安が制御できずに心理的障害をもたらす症状を不安障害と呼ぶ．前節で取り上げた PTSD も不安障害の一種である．実は，この不安障害は最も一般的なヒトの精神疾患であり，28% もの生涯有病率を示しており，精神疾患研究の 1 つの大きなフィールドを形成している．**ベンゾジアゼピン**を用いた薬物治療が一般的であるが，中毒性や認知機能への障害性などの副作用をもつという問題点もあり，マウスを用いて「不安」を司る神経回路の探索が精力的に行われてきた．マウスでは不安行動を評価するために，**高架式十字迷路テスト**と**オープンフィールドテスト**（図 5.3）という 2 つの行動アッセイ系があり，不安感が減じると視野の開けたオープンアームにいる時間やオープンフィールドの中央にいる時間が増えるため，この時間を測定することで不安感を定量化することができるというメリットがある．

そこで，ダイセロスらのグループは，二光子励起顕微鏡とオプトジェネティクスを組み合わせることにより，単に細胞体の神経興奮をコントロールするだけでなく，扁桃体の亜核間を結ぶ神経接続のレベルでの興奮制御を行い，マウスの不安行動の変化を観察した（Tye *et al.*, 2011）．具体的には，BLA に ChR2 発現ウイルスを感染させた後，CeA に限局して光刺激することにより，CeA 内へと投射している BLA の神経細胞末端のみを行動実験中に興奮させたところ，マウスは光刺激をしているとき一過的に，オープンアームにいる時間やオープンフィードの中央にいる時間が増え，急性で可逆的な不安行動の減少を示した．逆に，同じ神経回路をハロロドプシン（NpHR）で抑制することによって，不安行動は増強された（図 5.11e）．このことは BLA ニューロンの興奮が，CeA 内の CeL の GABA 作動性抑制性ニューロンを活性化し，CeM の興奮を抑制することで，不安行動を減じさせることを示唆

している．図 5.11(e) ではこうした推論と合致する CeA 内の神経接続の模式図を示している．また，興味深いことに，BLA の細胞体自体を光刺激して興奮させても，この不安行動の減少は観察されない．BLA が CeM にも投射をしていることが示唆されているが，このように「細胞体レベルでは出ない表現型が，同じ神経細胞からの軸索レベルで明確に現れる」というのは，この数年間で見つかった新しい神経科学の世界の 1 つである．

5.6 精神疾患の神経基盤の解析へ

自閉症や統合失調症といった精神疾患患者における行動異常は，大脳皮質の微小神経回路内において細胞の興奮性と抑制性の比率（興奮性／抑制性）が上昇し，ハイパーアクティブな状態になることによって生じる可能性が論じられてきた（**E/I バランス仮説**）．興奮抑制バランスの異常は，興奮性ニューロンの興奮亢進や，抑制性ニューロンの興奮阻害によって，引き起こされると考えられてきた．実際，自閉症関連遺伝子として報告されているものの多くは，イオンチャネルやシナプスタンパク質の機能亢進に関与している．遺伝子レベルだけでなく神経レベルで考えても，ヒトの統合失調症患者や自閉症患者では，前頭葉がハイパーアクティブな状態になり，ガンマ波などの皮質の高周波数脳波の増加が見られる病態生理学的知見が集まっている．さらには，自閉症患者の 30％は臨床的に明らかな癲癇を併発することなどが，興奮抑制バランス仮説をサポートしている．

ダイセロスらのグループは，5.3 節で論じた，長時間に渡って神経興奮が誘導できる新規 ChR2 である SSFO（ChR2 の C128S と D156A 変異タンパク質）を開発し，この問題に取り組んだ（図 5.12 と図 5.13）．**内側前頭前野**（medial prefrontal cortex, mPFC）の興奮性ニューロンを修飾するために CaMKⅡα プロモータ下流で SSFO を発現するアデノ随伴ウイルスを感染させたマウス（CaMKⅡα::SSFO）を作製し，一方で，mPFC の抑制性ニューロンを修飾するために GABA 作動性ニューロンで発現するパルブアルブミン（PV）プロモーター依存的に SSFO を発現するトランスジェニックマウス（PV::SSFO）を用いて，GABA 作動性 PV ニューロンの興奮性を制御した（図 5.5）．その

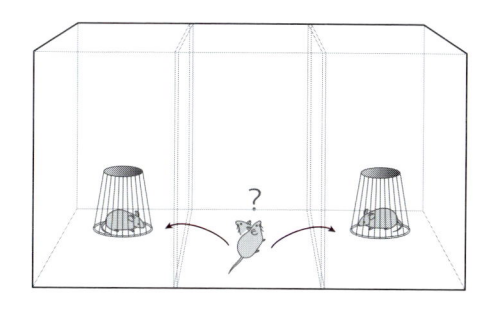

図 5.12　社会性行動アッセイ（スリーチャンバーテスト）
個体同士が相互作用できる檻を使って（左図），社会性をアッセイする（右図）．
社会性行動アッセイは 2 段階の実験で行われる．まず 1 段階目として，片側の檻の中に対照マウスを入れ，もう一方の檻は空で置くと，テストマウスは対照マウスが入っている方の檻に近づく．次に 2 段階目として，空の方の檻に新しいマウスを入れると，テストマウスは新規マウスが入っている方の檻に近づく．

結果，興奮性ニューロンを光刺激で活性化したマウス（CaMKⅡα::SSFO）特異的に，ホームケージに新規個体を導入した時の探索時間の減少や，スリーチャンバーテスト（図 5.12）での他個体への接近時間の減少が見られ，社会性行動の異常が生じることが示唆された（図 5.13 上）．抑制性ニューロンを光刺激で活性化したマウス（PV::SSFO）では行動異常が見られなかったことと併せて，E/I 値の減少ではなく上昇が，統合失調症様行動を引き起こすことが示され，E/I バランス仮説が強く支持された．

また，高周波数脳波の増加が誘導されるか否かについても検証したところ，同様のマウス（CaMKⅡα::SSFO）で興奮性ニューロンを光刺激し E/I を上昇させると，30〜80Hz の高周波数脳波の異常な上昇が見られ，その後 E/I を下げることによって，すぐに高周波数脳波は消失した．E/I バランスが統合失調症患者の社会性行動異常と脳波異常の原因であることを初めて実証したこの論文は，2011 年に Nature に掲載された．

次に，鬱病の神経基盤についてのオプトジェネティクスならではの興味深い研究を紹介したい．あまりに擬人的で滑稽でもあるが，マウスは社会性のストレスにくり返し暴露されることによって鬱病様の症状を示すことが知られており，これはマウスの鬱状態モデルの 1 つとして広く受け入れられてい

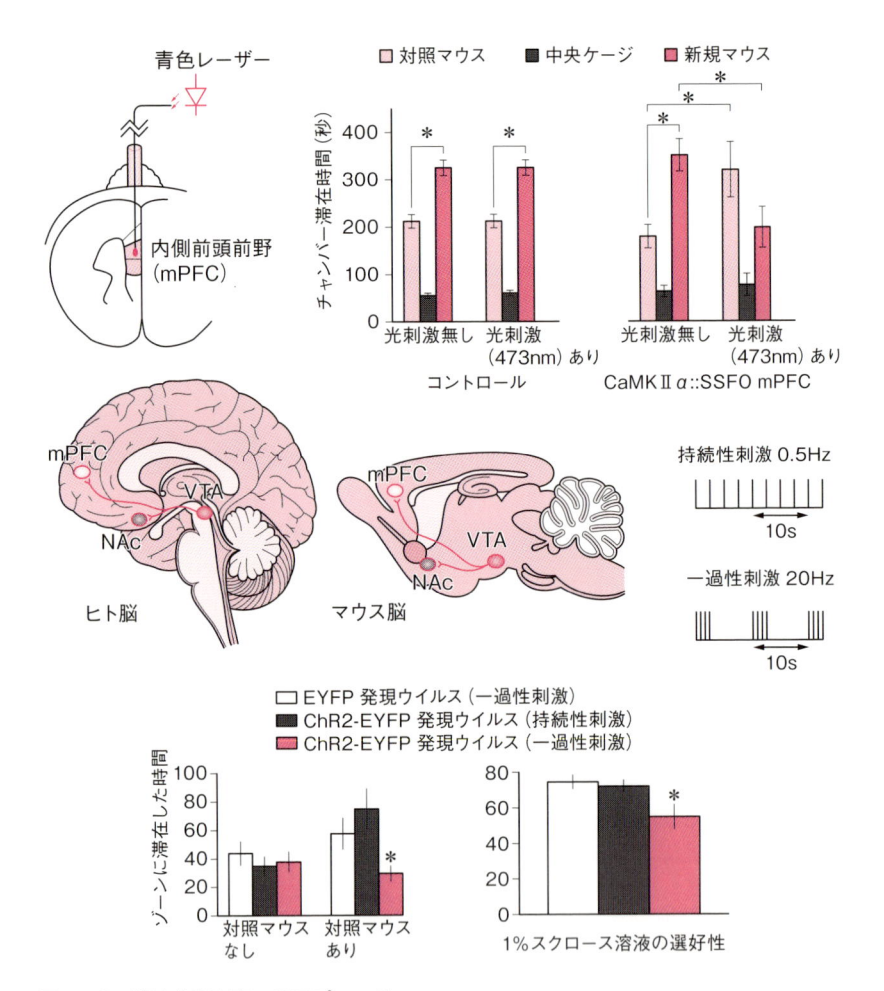

図5.13　精神疾患研究へのアプローチ

統合失調症モデルマウスでは，図5.12で取り上げた社会性行動アッセイに異常を示すため，この系とオプトジェネティクスを組み合わせてさらなる研究が行われている．上段は内側前頭前野（mPFC）に，CaMKⅡαプロモーター下流でSSFO型ChR2（図5.7参照）を発現するAAVを顕微注入し，mPFCの興奮性ニューロンを人工的に興奮させたときの社会性行動アッセイの結果を示した．光刺激による興奮でmPFCのE/Iバランスが上昇した結果，マウスは新規マウスへ接近しないという社会性行動の異常を示した（*は「有意差あり」を示す）（上，Yizhar et al., 2011bを改変）．中段と下段はNAc（側坐核）とmPFCに投射している腹側被蓋野（VTA）と鬱病様行動の関係．この神経経路はヒトにも存在する．図5.10の実験と同様に，持続性刺激と一過性刺激の2つのパターンで人工的に興奮させたときの行動アッセイの結果を示した．VTAを一過性刺激することにより，他個体のマウスがいるゾーンへの滞在時間が減り，また甘いスクロース溶液の選好性も減じるという，鬱病マウス様行動が現れた（Chaudhury et al., 2013を改変）．

5.6 精神疾患の神経基盤の解析へ

る．ストレスが高くなり鬱状態になると，マウスは他個体との接近を避けるようになり，スクロース入りの甘い水を選り好むという行動が減じるため，これらの行動を計測することによってストレスの程度を定量化することができる．これまでの研究で，報酬系を司ることで有名な**腹側被蓋野（ventral tegmental area, VTA）**のドーパミン作動性ニューロンが，同時に社会性ストレスに対しての感受性も制御していることが次第にわかってきた．

VTAのドーパミン作動性ニューロンは，通常，低頻度の持続性（tonic）の神経興奮パターンと，高頻度の一過性（phasic）の神経興奮パターンの2つをもっており，高頻度一過性の神経興奮が報酬の情報を伝達するだけでなく，くり返しの社会性のストレスに対しても反応し増加するという相関関係があった．ミンフー・ハン（Ming-Hu Han）らは，持続性興奮パターンではなく一過性興奮パターンこそが鬱状態を制御している可能性を直接的に検証する目的で，TH-Cre トランスジェニックマウス（ドーパミン作動性ニューロン特異的に Cre が発現する）の VTA 領域に，AAV-DIO-ChR2-eYFP を顕微注入することで，VTA のドーパミン作動性ニューロン特異的に，異なるパターンの神経興奮誘導を試みた（図 5.13）．その結果，予想通り，持続性興奮パターンではなく一過性興奮パターンで神経興奮を誘導したときのみ，他個体との接近を避け，スクロース入りの甘い水を飲まなくなるという，ストレスが高まっている状態になることを見いだし，Nature に発表した．

さらに彼らは同じ論文の中で，VTA のドーパミン作動性ニューロンの回路ごとの機能分担についても言及している．VTA のドーパミン作動性ニューロンは，意思決定などの高次処理を行う内側前頭前野（mPFC）や，報酬行動の中枢の1つである**側坐核（nucleus accumbens, NAc）**に投射しているため，光ファイバーを用いてそれらを切り分けて刺激したところ（図 5.6 神経投射特異的なアプローチを参照），VTA-mPFC 回路を光刺激しても行動変化が見られない一方，VTA-NAc 回路を一過性興奮パターンで光刺激することによって，ストレスが高くなり鬱状態になることが明らかになった．

オプトジェネティクスは，統合失調症や鬱病といった精神疾患の神経基盤を基礎研究の面から強く補足すると期待され，より詳細な回路の機能解析

■5章 マウスの行動分子遺伝学

がこれから数年間で大きく進んで行くだろう．加えて，2012年にウィム・ファンデュッフェル（Wim Vanduffel）らは，アカゲザルの皮質にAAVを介してChR2を発現させ，視覚依存的な急速性眼球運動課題（サルの一般的な学習テスト系で，視線の動きで行動評価する）中に人工的な興奮を誘導することによって行動変化を引き起こせることを発表した（Gerits & Vanduffel, 2013）．将来的に，オプトジェネティクスを用いて神経細胞の活動を人工的にコントロールし，ヒトの精神疾患治療の一部に組み込むことは，非常に現実性の高い段階にまで到達しているのである．

5.7 オプトジェネティクス研究の今後の課題

　本章ではオプトジェネティクスという切り口で最先端の神経科学研究を俯瞰してきた．日進月歩で新規なツールが開発されているが，今なお，解決し難い課題がいくつも存在している．1つは，生体内における神経興奮をどれだけ正確に模倣できているのかという点である．昨今のオプトジェネティクスを用いた研究では，生体が本来もっている電気信号の情報とは独立に，まずはChR2やNpHRを用いて必要条件・十分条件を模索する傾向がある．しかしながら神経細胞ネットワークは，電気を走らせる単純な導線ではなく，その間に綿密な神経興奮の文法構造をもった細胞集団である．ChR2によって文法を無視して興奮させた結果，回路の機能が喪失し，その結果，偶然NpHRを用いた実験結果と類似することもあるであろう．本来は精密な電気生理学的実験と組み合わせて行われるべき実験であることに注意したい．また，ChR2のようなツールを同じプロモーターを用いて神経細胞に発現させると，それらの神経細胞は一様にかつ同時に発火してしまうという問題もある．発火頻度が情報をコーディングしている細胞集団であれば良いかもしれないが，連続的に順々に発火することで情報をコーディングしている細胞集団や，個々の細胞の興奮の総量ではなく細胞集団全体の「発火のシンクロナイズ」が意味をもつ脳波などを解析する場合，われわれはその神経興奮を正確に模倣する手段を有していないのが現状である．従って，「理想的には標的領域が均一な神経細胞群から成り立っている」という仮定の上に成り立っ

ている現時点のオプトジェネティスの議論と，多様な神経細胞群を含みうる生体の実際の状態との間には実際には大きなギャップが存在していることは常に注意するべきであり，あくまでデータは「総体としては，〜の領域は〜の興奮・抑制に働くと考えられる」と捉える必要がある．

そして2つ目に ―これは究極的な問いであるが―，神経回路ごとに機能の必要性と十分性を議論してきた結果，この10年間をかけて行われ続けた遺伝子機能の解析と同じ結果を辿るのではないかという懸念である．遺伝子という階層において，非常に精緻なレベルで Loss of function（機能喪失など）と Gain of function（強制発現など）の実験をくり返してきた発生生物学では，多くの知見が得られた一方で，未だ私たちは正確に何らかの臓器を $in\ vitro$ で完全な形で作り出すことには成功していない．オプトジェネティクスという新たなツールを手にし，これから10年間は神経科学においても同様に，階層が異なるものの精密に一つ一つの神経回路が遺伝学的に切り分けられ，「Loss of function」と「Gain of function」の議論が適用されるだろう．しかしながら，その先に本質的な「脳機能の理解」という答えが本当に存在するかどうかは誰にもわからないのである．極言すれば，すべての神経回路のそれぞれを理想的に制御することができる時が来たとして，私たちは自由に精神，記憶，情動といった高次機能をコントロールしうるのか，もしできないとすれば，その間のギャップはどこに存在するのかを模索し続ける必要がある．ルイ＝パスツール（Louis Pasteur）は，"Chance favors the prepared mind"（チャンスは準備ができたこころに訪れる）との至言を残したが，絶え間ない"模索"こそが，私たちに新しい神経科学の光明を示してくれるのではなかろうか．

（奥山輝大）

■ 5 章　マウスの行動分子遺伝学

コラム 5 章 ①
脳の奥の奥の奥を視る

　何かを「視る」ということは，研究においてきわめて説得力が高い証明方法である．神経科学においても，特定の細胞体や軸索を蛍光タンパク質でラベルしたり，**GCaMP** のようなカルシウム指示タンパク質（GECI）（58 ページのコラム 3 章①を参照）を発現させることにより，神経興奮を可視化することに成功してきた．**共焦点顕微鏡**や**二光子励起顕微鏡**などの深い深度の蛍光シグナルを拾うことができる顕微鏡の開発が進んできている昨今，より深く，より美しくデータを取ることが，この分野で 1 つの潮流となっている．研究手法は大きく，「シグナルおよびサンプル自体の改善」と「シグナルを拾うハード面の開発」という 2 つの方向性をもって発展してきている．

　「シグナルの改善」としては，絶え間ない新型 GCaMP の開発合戦があげられよう．GCaMP は先にも述べた通り，神経興奮の際の Ca^{2+} の細胞内流入によってシグナル強度を変化させる蛍光タンパク質である．タンパク質であるため，目的の細胞に特異的なプロモーターを用いることにより限局した発現を得られる一方，fura2 などの単なる蛍光物質であるカルシウム指示タンパク質と比較して，時間解像度が悪いというデメリットを併せもつ．そこで，「時間解像度を改善する」および「シグナル強度を強くする」という 2 つの視点をもって，中井淳一らのグループやローレン・ルーガー（Loren Looger）らのグループにより，ありとあらゆるアミノ酸残基の点変異型が試行錯誤され，GCaMP2, 3, 4, 5, 6, 7 と新型の GCaMP シリーズが開発されてきた．なお，2 つのグループが独立に開発しているため，一概にバージョンナンバーが後の方が性能が良いというわけではない．

　2013 年，川上浩一らのグループによって GCaMP7 をゼブラフィッシュ稚魚の視蓋に発現させることにより，目の前で動く餌を視覚的に追い求める際の視蓋の興奮パターンを観察することに成功し，視蓋が視野のトポロジカルマップを維持していることが示された（Muto *et al*., 2013).一方，4章で述べたように，2012年，フロリアン・エンゲルト（Florian Engert）らのグループは，ゼブラフィッシュ稚魚の全脳にGCaMP2を発現するトランスジェニック系統と二光子励起顕微鏡を組み合わせて，縞が移動するという視覚刺激に関与する神経細胞の，**全脳網羅的スクリーニング法**を開発した（Ahrens *et al*., 2012）．

さて，ゼブラフィッシュ稚魚を用いた研究を2例紹介したが，それは脳が比較的透明でシグナルを検出しやすいという生体的特徴をもっており，蛍光タンパク質研究に絶好のフィールドだからである．逆に言えば，マウス脳でも透明であればより深い深度まで観察可能であり，**脳の透明化**はイメージング研究における課題の1つとなっている．「サンプルの改善」の例として，近年，相次いで報告された，脳サンプルを透明化する試薬について紹介しよう．1つは2011年の宮脇敦史らのグループによる**Sca/e試薬**，もう一方は2013年のダイセロスらのグループによる**クラリティ（CLARITY）**である（Chung & Deisseroth, 2013; Chung *et al*., 2013）．クラリティは，ナノ多孔性ヒドロゲルを浸潤させることで，光を乱反射させる細胞膜をゲルのメッシュに置き換えてしまうという画期的な発想であり，全実験9日間ほどでマウス脳は下に敷いた新聞紙の字が読めるほどまでに透明化させることができる．

なお，本論文の動画はNature誌のウェブサイトで見ることができ，その美しい最先端のイメージング技術はきっと読者を惹きつけることだろう．加えて，この方法を発表したダイセロスは本稿で取り上げているChR2システムを実用化させたパイオニアであり，そのラボからこのような化学系の研究が発表されることも，研究者が思案する「次なる一手」の打ち方を傍で見ているようで興味深い．現時点で透明化は死んだ個体の脳にしか適用できないため，今現在も世界のどこかで懸命に*in vivo*での脳の透明化の試みが行われていることだろう．

最後に「シグナルを拾うハード面の開発」について簡単にご紹介したい．主に，ハード面は顕微鏡の進化に依存している．たとえば，2013年に根本知己らのグループは新規な近赤外超短光パルスレーザーを組み込んだ二光子励起顕微鏡を用いることで，生きた状態のま

まマウスの海馬 CA1 領域, および大脳新皮質全層の観察に成功している (Kawakami *et al.*, 2013). 具体的な数字で述べるならば, これまでの限界が脳表面から 0.7 mm 程度だったのが, この技術開発により 1.4 mm という深度まで潜ることが可能になった. 一方, 2013 年にマーク・シュニッツァー (Mark Schnitzer) らのグループは, 2 g 以下の**微小内視鏡** (microendoscope) をマウスの脳に直接埋め込み, GCaMP3 を発現させた CA1 領域の錐体ニューロン 500〜1000 程度から同時に神経興奮パターンを 45 日間に渡ってトラッキングすることに成功し, 錐体ニューロンによるプレイスフィールドのコーディングが動的に変化することを見いだしている (Ziv *et al.*, 2013).

　本コラムでは, 日進月歩という雰囲気を感じていただくため, 敢えて研究論文が発表された年を掲載した. この速度感で画期的な新規技術が開発されてゆくならば, 10 年後にわれわれ人類は, どこまで深く, どこまで正確に, そして何より, どこまで美しく, 脳の視覚化に成功しているのだろう. 想像するだけで, こころ躍るものがなかろうか.

コラム5章 ②
雄と雌の"恋ごころ"はどこに？

　本章のなかでは，**習得的行動**や疾患に関与する行動など比較的高次な行動を主に取り扱ったが，もちろんマウスを用いて，**生得的行動**についても精力的に研究されている．たとえば**性行動**については，古くから内分泌経路との関連に着目して研究が進んできた．マウスは，毛繕いや性器探索を行った後，雄は雌に後ろから乗るような形でマウンティングを行い，雌が腰をのけぞらす特徴的な受け入れ行動（ロードーシス行動）を示した後に，挿入・放精に至るという遺伝的に規定されたステレオタイプな性行動を示す．それでは，この**性的二型**（雌雄で異なる）を示す行動はどのような神経回路によって規定されているのだろうか．

　近年の研究で，性的二型をもつ「ホルモン」「遺伝子発現」「神経細胞」の三者が複雑に相互作用しながら，性行動が規定されていることがわかってきた．雄のテストステロンと雌のエストロゲンは成体における性行動の発現自体を制御している（activational role）だけではなく，性行動の発現に必須な形態的性的二型を示す**視索前野性的二型核**（SDN-POA）や**前腹側脳室周囲核**（AVPV）といった領域の発生（organization role）に関与することが知られている．遺伝子発現については，2012年にニラオ・シャー（Nirao Shah）らによって，雄と雌の視床下部，および，扁桃体で発現量に性的二型を示す遺伝子が網羅的に同定され，その発現領域の解析がCellに発表された．*Brs3*, *Cckar*, *Irs4*, *Sytl4*の4遺伝子が同定され，変異体の解析により，いずれかのたった1つの遺伝子が欠損することにより雌雄の性行動，攻撃行動，育児行動などの複数の行動が有意に減少することが明らかになった．この結果，性的二型を示す遺伝子発現が雌雄の性特異的な行動のいずれにも関与することが示唆され，さらに，2013年5月に同じくシャーらによって，神経細胞レベルにおいても同様の現象がCell

に報告された．具体的には，腹内側視床下部（VMH）の**プロゲステロン受容体**陽性ニューロンが神経投射レベルで性的二型を有すること（雌では雄よりも強くAVPVに投射する）を示した上で，神経細胞特異的に細胞死を誘導し欠損させると，雌雄両性の性行動と雄の攻撃行動のいずれも減じることを見出した．

　この研究は，性行動と攻撃行動がある程度共通の神経基盤に規定されていることを示唆しているが，続く2014年にディビッド・アンダーソン（David Anderson）らによって，VMHの中でも腹側方側領域（VMHvl）の中で**エストロゲン受容体1（Esr1）**を発現する神経細胞群が興奮のパターンによって，性行動と攻撃行動のいずれも制御していることがNatureに報告された．アンダーソンらは2011年に，EF1aプロモータ下流でChR2を発現するAAVを用いて，VMHvl全体を細胞非特異的にすべて興奮させることで，攻撃行動が誘導されるが，マウンティングは誘導されないことをNatureで発表している．2014年の論文では，VMHvl内でさらに細分化された細胞集団を修飾するため，エストロゲン受容体1（Esr1）陽性細胞のみをチャネルロドプシンで刺激したところ，強く刺激することにより前実験と同様に攻撃行動が誘導されること，さらに攻撃行動を持続させるためにはその刺激を継続する必要があることを見出した．興味深いことに，同じ細胞を刺激する際，光刺激強度を弱くすると攻撃行動ではなく性器探索やマウンティングが誘導されることが明らかとなり，同じ細胞の興奮レベルの差や，同時に発火する細胞集団の差などを介して，Esr1陽性神経細胞が性行動と攻撃行動の両方を制御していることが示唆された．

　さて，これまで見てきたように，雄と雌の脳は生まれながらにして形態が異なっているわけだが，一概に雄の脳が雄の行動を発現するようにのみ形成されているわけではないようだ．2007年にはキャサリン・デュラック（Catherine Dulac）らによって，フェロモンを受容するための鼻腔内器官である**鋤鼻器**において，フェロモンシグナル伝達経路に異常を示す**Trpc2**変異体の雌は，雌特異的な行動である母

コラム　雄と雌の"恋ごころ"はどこに？

性攻撃行動や養育行動が減少し，一方で雄特異的なマウンティングや挿入様行動などが増加することがNatureに報告された．興味深いことに，鋤鼻器を成体によって外科的に除去することでも同様の行動変化が現れたことを示し，フェロモン信号が成体によって性特異的な行動を規定していること，さらには，雄の性行動を司る機能的な神経回路が，成体の雌においても存在することを示唆している．

　もちろんフェロモン信号は，本来は個体から個体へと情報を伝えるために用いられる．2010年に東原和成らによって，雄の涙に含まれる**ESP1**というペプチドが，雌のロードーシスを促進させるフェロモンとして機能することがNatureに報告された．ESP1は鋤鼻器においてV2Rp5という単一の受容体で認識され，性的二型をもつ神経核へと情報が伝達されるようだ．ESP1刺激依存的に視床下部視索前野では雄特異的に，視床下部腹内側野では雌特異的に，*c-Fos*発現細胞数が上昇することが示された．一方で，雌の涙には何のフェロモンも含まれていないのだろうか？　2013年に，同じく東原らとステファン・リバレス（Stephen Liberles）らによって，若い雌の涙には**ESP22**というペプチドが含まれており，雄の性行動を抑制することがNatureに報告され，性的に未熟な雌との交尾を避ける目的のフェロモンであることが示唆された．雄と雌の間の駆け引きはヒトもマウスもなかなか大変だが，頭のなかではもっともっと大変で複雑なことが起きているようだ．魅力的な話題はまだまだ尽きない．

6章 社会性昆虫ミツバチの行動分子生物学

　ヒトを含めた霊長類など多くの動物が社会性をもつ．本書で取り上げた**モデル生物**にもある程度，社会性を示すものもいる．たとえば「社会性株」と呼ばれる系統の線虫は，プレート上で集団をつくるし（2章），メダカは「メダカの学校」で知られるように群れ行動を示す（4章）．また，マウスの雌は仔の「養育行動」を示す（5章）．これらの動物では主に分子遺伝学的手法を用いて社会性行動の分子・神経機構の解析が進められている．しかし，これらのモデル生物より複雑な社会性行動を示す動物も存在する．

　高度な社会性をもつ動物としてハチやアリ，シロアリなどの社会性昆虫があげられる．社会性昆虫は**集団**（**コロニー**）で生活するが，同性の個体間で生殖や労働に多型が生じ，もっぱら生殖を担当する個体と，不妊でコロニーの維持のための労働を担当する個体が分化しており，これを「**カースト**」と呼ぶ．近年昆虫のみならずエビの仲間（テッポウエビ）や哺乳類（ハダカデバネズミ）にも同様に高度な社会性をもち，カーストが存在する例が知られるようになったが，社会性行動を生み出す分子・神経機構は多くの場合，不明である．社会性昆虫で，社会性行動を生み出す分子・神経機構が最もよく調べられているのはミツバチである．2006年には全ゲノム配列が解読されて，ミツバチの分子行動学的研究が加速しつつある．ここではミツバチ固有な行動特性や脳の構造について説明した後，現在，研究されている課題について解説する．

6.1　ミツバチの生活史

　ミツバチは，昆虫綱—膜翅（ハチ）目—ミツバチ科（Apidae）—ミツバチ属（*Apis*）に属し，世界に9種いる．日本には在来種の**ニホンミツバチ**（*Apis cerana*）のほかに，明治時代に養蜂のために導入され，飼育されている**セイヨウミツバチ**（*Apis mellifera* L.）がいる．ハチミツやローヤルゼリー，プロ

ポリスなど有用物質の生産だけでなく，ポリネーター（受粉媒介者）として利用され，農業分野の重要昆虫でもある．一方で，**モデル社会性動物**としても注目されてきた．最初に，セイヨウミツバチの生活史を概観する．

1つのミツバチのコロニーには数千から数万の個体がいるが，通常，1匹の女王バチの他はほとんどが働きバチで，春から秋にかけてはコロニーの個体数の10%ほどが雄バチとなる．巣の中には蜜蝋で作られた六角形のハニカム（巣房）を多数含む巣板が垂れ下がり，この巣房が子育ての部屋と食物（ハチミツと花粉）の貯蔵庫として利用される．ミツバチは完全変態昆虫なので，卵→幼虫→蛹→成虫という発生段階を経る．メスは幼虫初期の生育環境により，女王バチと働きバチにカースト分化する．幼虫期に，王台の中で大量の**ローヤルゼリー**と少量のハチミツを与えられて育ったメスは女王バチ，巣房の中で少量のローヤルゼリーと大量のハチミツを与えられて育ったメスは働きバチにカースト分化する．

女王バチと働きバチは行動のみならず生理，形態も異なる．女王バチは非常に発達した卵巣をもち，繁殖に専念し，一日に自重に匹敵するほど多数の卵を産む．寿命は数年に及ぶ．一方，働きバチの卵巣は退縮しており，春から秋にかけて寿命は約30〜40日である．羽化後の加齢に応じて分業し，若い時（羽化後6〜12日）は巣作りや巣の掃除，口に開口する外分泌腺（下咽頭腺）で合成されるローヤルゼリーを分泌し，女王バチや幼虫に与える「**育児**」を，次いで巣の入り口に集合し，巣仲間を認識して巣に入れる一方で，スズメバチなどの天敵を追い払う「**門番**」をし，年を取ると（羽化後10〜30日），巣外で花の蜜や花粉を採集する「**採餌**」行動に従事する．ミツバチでは雌は受精卵（$2n$）から発生するのに対し，雄は未受精卵（n）から単為発生により生じる．雄は女王バチとの交尾以外，何の労働にも従事しない．

ミツバチのコロニーを一つの動物の個体に喩えると，もっぱら産卵する女王バチはあたかも「卵巣」である．雄バチは「精巣」である．ローヤルゼリーを分泌する若い働きバチは「乳腺」，門番バチは「免疫系」，採餌バチは下咽頭腺が機能転換し，花蜜をハチミツに加工するための糖代謝酵素を分泌するようになるので「消化管」，また8の字ダンスを利用した高度な**コミュニケー**

■6章 社会性昆虫ミツバチの行動分子生物学

ション能力をもつので「脳」にも喩えられそうである．米国コーネル大学のトーマス・シーリー（Thomas D. Seeley）は，こうした特徴をもつミツバチのコロニーを「**超個体（superorganism）**」と呼んだ．後述するように，こうしたミツバチの各個体の生理状態と行動を協調的に調節する上では内分泌系が重要な役割を果たしている．

6.2 ダンスコミュニケーション

カール・フォン・フリッシュ（Karl von Frisch）は，ミツバチの働きバチが「**尻振りダンス（8の字ダンスとも呼ぶ）**」により仲間の働きバチに餌場の位置に関する情報を伝達することを発見した．餌場を見つけて帰巣した働きバチは垂直な巣板の上でダンスを踊るが，このとき尻を高く上げて振りながら直進し，右に廻って元の位置に戻り，再び尻を振りながら直進し，今度は左に廻って元の位置に戻る，という8の字を描くダンスをくり返す．このとき**鉛直軸**の上を，巣から見た太陽の方向に見立て，たとえば太陽の方向から餌場が右60度の位置にある場合には鉛直軸から60度右に傾いた方向に尻を振りながら直進する（図6.1）．ミツバチは太陽から放射される**偏光**により太陽の位置を知ることができる（**太陽コンパス**）．

巣から餌場までの距離が50 mより短い場合に踊られるダンスは「**円ダンス**」と呼ばれ，餌場の距離や方向に関する情報は含まれず，「餌場が巣のすぐ近くにあるから，巣の外に出て探してみて」という情報を伝える．一方，

図6.1 ミツバチの尻振りダンス
尻振りダンスでは，垂直軸の上（重力の反対向き）を巣から見た太陽の方向に見立て，太陽から餌場の方向へのずれθ(A)を，ダンス軸の鉛直軸の上からの傾き（B）として表現する．巣から餌場までの距離はダンス時間と相関する．

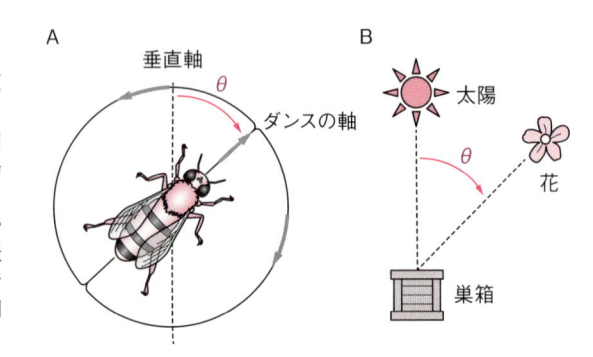

巣から餌場の距離が 50 m 以上ある場合は「尻振りダンス」になり，尻を振りながら直進する時間（ダンス時間）は距離が遠くなるほど長くなる．一般的には，0.5 秒間のダンス時間は数百 m の飛行距離を意味する．つまり尻振りダンスでは働きバチは，自分がしてきた採餌飛行のミニチュア版を仲間に見せていることになる．

尻振りダンスを踊る働きバチを仲間の働きバチが追従し，餌場の情報を読み取って，**採餌飛行**へと飛び立つ．巣の中は暗いが，ダンスを踊っている働きバチは 260 Hz の羽音を出しており，仲間の働きバチはこの音を触角にあるジョンストン器官を介して感知し，ダンスを踊る働きバチの位置を特定するものと推察されている．このようにミツバチのダンスコミュニケーションでは距離や方向の情報が「記号（暗号）化」されているため，他の多くの動物が用いる信号（匂いや鳴き声など）によるコミュニケーションより高度な「**記号的コミュニケーション**」と考えられる．

なおフリッシュはミツバチの尻振りダンスをヒトの言語になぞらえて「**ダンス言語（dance language）**」と呼んだが，ヒトの言語ほどの複雑さ（たとえば時制や仮定法の使用，抽象的概念の伝達など）はもたないので，「ダンスコミュニケーション」と呼ぶ方が適当とする意見がある．本書ではこの意見に沿って「ダンスコミュニケーション」と呼ぶ．なお，本章末コラム（p. 159）に示すように，現在ではミツバチの働きバチは，採餌飛行中に受容した「**光学的流動（optic flow）**」量に基づいて，飛行距離を計測すると考えられている．

6.3　ミツバチの脳とキノコ体

3 章でショウジョウバエの脳の構造を説明したが，基本的な脳の構造は，ミツバチもショウジョウバエも同じである．しかし，種に特徴的な構造もある．ミツバチでは複眼で受容された視覚情報は 3 層構造の**視葉**（optic lobe；**視覚中枢**）で処理された後，脳の一番上部に存在し，左右一対の構造体である**キノコ体**（mushroom body）に投射される（図 6.2）．3 章で説明したように，キノコ体は昆虫脳の感覚統合，記憶・学習の高次中枢である．視葉からの視

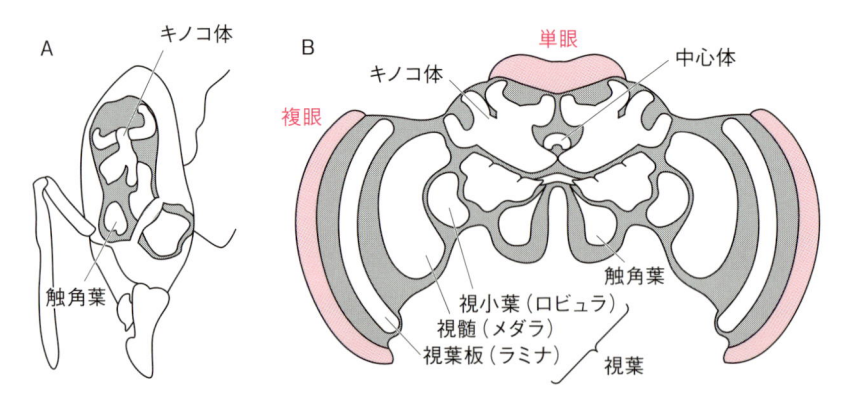

■ 6章 社会性昆虫ミツバチの行動分子生物学

図6.2 ミツバチの脳の模式図
ミツバチ頭部の矢状面（A）と脳の前頭面（B）の模式図．脳の白い部分は神経突起，灰色の部分は細胞体からなる部分を示す．ミツバチ脳は視葉，触角葉，キノコ体などの各部分からなる．視葉はその外側にある網膜に続く，視葉板（ラミナ），視髄（メダラ），視小葉（ロビュラ）の3層構造をもつ．

覚情報が直接，キノコ体に投射されるのは，ミツバチを含めた一部のハチ類に多い．一方，触角で受容された嗅覚情報は**触角葉**（antennal lobe；**嗅覚中枢**）で処理された後，キノコ体などのより高次な脳領野へと投射される（図6.2）．触角葉の後方には，口器の感覚や運動を司る**食道下神経節**（suboesophageal ganglion）が存在する．キノコ体に挟まれた領域に中心体（central body）が存在する．

　ミツバチとショウジョウバエの脳構造の最も顕著な違いの1つは，ミツバチではキノコ体が体積的にも構造的にも顕著に発達していることである．ハエやバッタ，トンボでは脳全体の体積に占めるキノコ体の割合は2〜3%とされるが，ミツバチでは25%に及ぶ．もっとも，キノコ体が発達しているのはハチの仲間だけとは限らず，たとえばゴキブリも顕著に発達したキノコ体をもつ．また，ハチ類の社会性進化のどの過程でキノコ体の発達が起きたか調べてみると，単独で子育てや巣作りをする（**亜社会性**）行動様式の獲得ではなく，その前段階の寄生バチにおける寄生性の獲得に伴って起きたとされている．キノコ体は高度な情報処理に関わる脳領野なので，キノコ体の発達程度はその昆虫が脳でどのような情報処理を行っているかを反映する．ゴ

キブリでは高度な**嗅覚情報処理**，一方，ハチ類では高度な**視覚情報処理**を反映すると考えられる．

　ミツバチの左右のキノコ体は，それぞれ上向きの**傘（カップ）型**の構造（calyx）を2つずつもつ（図6.3A）．キノコ体を構成する神経細胞は**ケニヨン細胞**（Kenyon cell）と呼ばれ，その細胞体は2つの傘の内側と，傘の底の表層部に集合して存在し，前者をクラスⅠ，後者をクラスⅡケニヨン細胞と呼ぶ（図6.3A）．クラスⅠケニヨン細胞は，さらに細胞体の直径が9～11 μmで，傘の内側の両側に存在する（クラスⅠ）**大型ケニヨン細胞**と，細胞体の直径が7～9 μmで，傘の内側の中心部に存在する（クラスⅠ）**小型ケニヨン細胞**に分類できる．キノコ体の傘部はケニヨン細胞の樹状突起，柄（pedunculus）部は軸索から形成される．したがって，視葉や触角葉からの感覚情報は傘部で入力され，柄部を通じて出力される．

　キノコ体の傘部は上から順に**唇部**（lips），**襟部**（collar），**基底環**（basal ring）と呼ばれ，唇部と襟部には，それぞれ主に大型ケニヨン細胞に視覚情

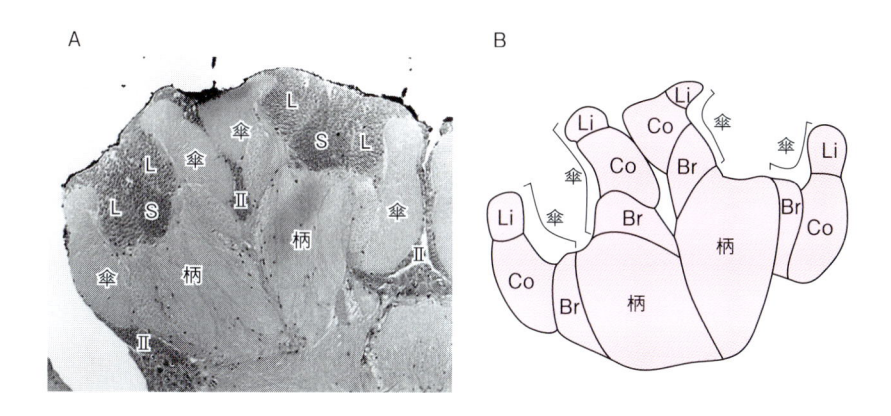

図6.3　ミツバチのキノコ体の構造
（A）ミツバチ脳の左のキノコ体の切片のヘマトキシリン・エオシン染色像．キノコ体の傘（calyx）はケニヨン細胞の樹状突起，柄（pedunculus）は軸索からなる．ケニヨン細胞は，細胞体が傘内側に存在するクラスⅠと，傘外側の表面に存在するクラスⅡ（Ⅱ）に分類される．クラスⅠケニヨン細胞はこれまでは，大型（L）と小型（S）に分類されると考えられてきた．（B）キノコ体の傘に見られる区分．唇部（lip, Li），襟部（collar, Co），基底環（basal ring, Br）を示す．

■6章　社会性昆虫ミツバチの行動分子生物学

報と嗅覚情報が入力され，基底環からは小型ケニヨン細胞にさまざまな感覚情報が入力していると考えられている（図6.3B）．働きバチの育児から採餌への分業や，飛行体験によって，キノコ体のプロポーション（細胞体の部分と，樹状突起や軸索の部分の割合）が変化することが報告され，キノコ体における視覚情報処理の重要性が窺える．

なお，後述するように筆者らは最近，ミツバチの脳の領野選択的に発現す

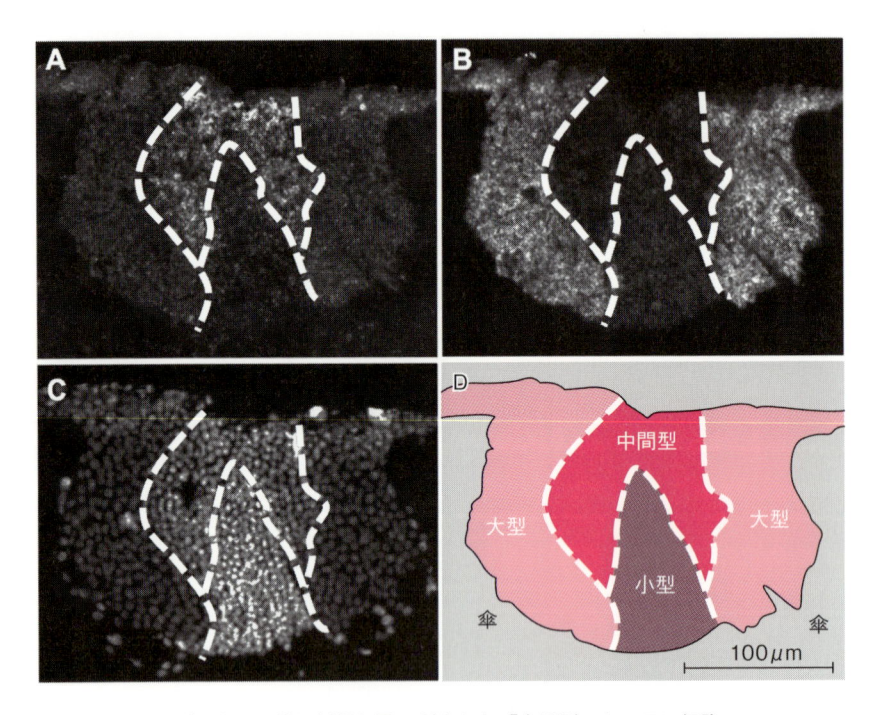

図6.4　ミツバチキノコ体に新規に見いだされた「中間型」ケニヨン細胞
ミツバチのキノコ体を構成する3種類のケニヨン細胞．この図はキノコ体の遺伝子発現を調べる実験法（*in situ* ハイブリダイゼーション法）の結果で，(A) *mKast* が選択的に発現する「中間型」，(B) Ca^{2+}/カルモジュリン依存性プロテインキナーゼ（CaMKⅡ）遺伝子が選択的に発現する大型，(C) DNA染色色素（カウンター染色）により，核が良く染まる小型ケニヨン細胞でのシグナルと，(D) その結果に基づく，ケニヨン細胞の分類の模式図を示す．いずれも白が遺伝子発現（AとB）と核染色（C）のシグナル．点線は，3種類のケニヨン細胞の境界面．左右のキノコ体および，1つのキノコ体の中央と側方の傘で遺伝子発現に差異はないので，1つの傘についての遺伝子発現を示している（Kaneko *et al.*, 2013を改変）．

る遺伝子の解析から，ミツバチのキノコ体の大型と小型のケニヨン細胞が存在する領域の境界域には，細胞体の大きさもちょうど両者の中間で，大型と小型のケニヨン細胞とはかなり異なる遺伝子発現プロファイルをもつ「**中間型」ケニヨン細胞**が存在することを発見した（図 6.4）．しかしながら，これまでの大型と小型のケニヨン細胞に関する知見は，中間型ケニヨン細胞を含まない，狭義の大型と小型のケニヨン細胞のことと思って読んでいただいて差し支えない．

6.4　哺乳類の脳機能局在論とミツバチでの研究戦略

　遺伝学では変異体を得るために多くの個体をスクリーニングする必要がある．しかしながら，ミツバチでは女王バチのみが産卵し，1コロニーが1個体に相当するので，順遺伝学の適用は困難である．そこで，ミツバチの社会性行動の分子的基盤を探る上で，将来的に逆遺伝学的手法を利用することを期待して，社会性行動に関わる候補遺伝子の探索がなされた．主に次の2種類の遺伝子が探索されている．1つは脳で領野選択的に発現する遺伝子，もう1つは，ミツバチの行動の違いに伴って脳での発現量が異なる遺伝子である．

　ヒトでは大脳皮質の各領野が異なるはたらきをもつ（「**脳機能局在論**」）．言語野は脳の左半球にあり，発声に関わるブローカ野と言語の理解や組立てに関わるウェルニッケ野がある．こうした高次脳機能の神経基盤を調べる上で，その脳領野選択的に発現する遺伝子が見つかれば大変有用である．たとえば，その遺伝子のプロモーターを利用して緑色蛍光タンパク質（GFP）遺伝子を発現させると，それらの遺伝子を発現する神経細胞の投射パターンがわかるし，細胞毒素タンパク質やチャネルロドプシン遺伝子を発現させると，それら遺伝子を発現する神経細胞の生存やはたらきを人工的に調節できて，その機能の理解につながる．また領野特異的な遺伝子発現制御の解析は，その領野の発祥にヒントをもたらす可能性がある．しかしながらヒトを含む高等な哺乳類では，**大脳皮質**で**領野（とくに言語野）選択**的に発現する遺伝子は多くは同定されていない．また霊長類で言葉を話すのはヒトのみであるた

め，言語能力の神経基盤の実験的な解析は困難である．

ミツバチ社会を構成する各個体はそれぞれの役割をもつ．こうした役割の異なるミツバチ（女王バチ，育児バチ，採餌バチなど）の脳ではそれぞれの行動を発現するための固有な神経回路があり，それらの神経細胞はそのはたらきに必要な固有な遺伝子発現プロフィルをもつ可能性がある．こうした期待から，筆者らを含めた世界のいくつかのグループにより，ミツバチの行動によって脳での発現量が異なる遺伝子が探索された．また，ダンスコミュニケーション能力をもつのは昆虫でもミツバチのみである．ミツバチへの種進化の過程で，ダンスコミュニケーションに関わる脳領野が獲得された可能性がある．筆者らのグループでは，こうした期待に基づいて，ミツバチを用いて上記の研究戦略を実施してきた．次節では，こうして見つかったミツバチの脳でキノコ体選択的に発現する遺伝子と，遺伝子発現プロフィルから推測されるそれぞれのケニヨン細胞のはたらきを概説する．

6.5 ミツバチの脳領野選択的に発現する遺伝子

6.5.1 カルシウム情報伝達系に関する遺伝子

ミツバチで最初にキノコ体に選択的に発現する遺伝子として同定されたのは，細胞内カルシウム情報伝達系に関わる**イノシトール3リン酸受容体（IP$_3$R）**の遺伝子である．上川内あづさらは**ディファレンシャル・ディスプレイ法**を用いて，ミツバチ脳で高次中枢であるキノコ体に選択的に発現する遺伝子を探索し，*IP$_3$R*がキノコ体の大型ケニヨン細胞選択的（＝強く）に発現することを見いだした．この発見にヒントを得て，いくつかの細胞内カルシウム情報伝達系に関わるタンパク質の遺伝子の発現を調べたところ，**Ca^{2+}／カルモジュリン依存性プロテインキナーゼⅡ（CaMKⅡ）**の遺伝子も大型ケニヨン細胞選択的に発現することがわかった．**プロテインキナーゼC（PKC）**はキノコ体全体で強く発現した．その後，竹内秀明らのcDNAマイクロアレイを用いた解析により，**IP$_3$フォスファターゼ**，宇野佑子らのプロテオミクスとその後の解析により，**リアノジン受容体**と**レティキュロカルビン**の遺伝子も大型ケニヨン細胞選択的に発現することが見いだされた（図

A. 大型ケニヨン細胞
　Ca²⁺情報伝達系に関わる遺伝子や転写因子 Mblk-1 の遺伝子が選択的に発現

B. 小型ケニヨン細胞
　エクダイソン受容体遺伝子と核内受容体遺伝子 *HR38* が選択的に発現．*HR38* は働きバチの分業に伴い，発現上昇

C. 大型ケニヨン細胞と小型ケニヨン細胞
　タキキニン関連遺伝子 *Trp* と幼若ホルモン代謝酵素遺伝子 *JHDK* が選択的に発現

D. 中間型ケニヨン細胞
　機能未知の新規遺伝子 *mKast* が選択的に発現

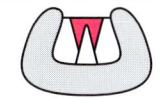

E. 小型ケニヨン細胞と中間型ケニヨン細胞の一部
　採餌バチで選択的に神経興奮が亢進

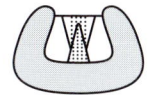

図6.5　ケニヨン細胞のサブタイプ選択的な遺伝子発現
（A）大型，（B）小型，（C）大型と小型，（D）中間型ケニヨン細胞選択的に発現する遺伝子の種類（左の説明文）と，遺伝子発現部位（右の模式図）．最下段の（E）は初期応答遺伝子 *kakusei* を用いた，採餌バチの神経活動のマッピングの模式図．（A）〜（D）の模式図においては傘の内側の着色部分が，また（E）では傘の内側のドットで表現した部分が遺伝子発現部位を示している．(Kubo, 2012を改変)．

6.5）．

　細胞内カルシウム情報伝達系は，神経系では記憶・学習の礎となるシナプス可塑性に重要なはたらきを担う．神経細胞が興奮すると細胞内に Ca²⁺ が流入する．また，細胞膜のリン脂質から生成された IP₃ が小胞体膜に存在する IP₃R に結合し，これを開口させることで小胞体内の Ca²⁺ が細胞質に放出される．小胞体にはリアノジン受容体も存在し，細胞質 Ca²⁺ 濃度上昇に伴って開口し，小胞体内の Ca²⁺ を放出する．

　細胞内 Ca²⁺ 濃度上昇は CaMKⅡや PKC を活性化し，これらの酵素がさまざまなタンパク質をリン酸化させることがシナプス可塑性に重要と考えられている．IP₃ フォスファターゼは生成した IP₃ の分解酵素，レティキュロ

カルビンは小胞体内に存在するカルシウム結合タンパク質である．

大型ケニヨン細胞でカルシウム情報伝達系に関わるタンパク質の遺伝子群の発現が亢進していることから，大型ケニヨン細胞ではこの情報伝達系の機能が亢進していると推察される．小胞体の他の機能に関わるタンパク質の発現はキノコ体とその他の脳領野で有意な差は無いことから，大型ケニヨン細胞では小胞体の密度が増加しているのではなく，カルシウム情報伝達系に関わるタンパク質群の存在比が上昇していると推察される．

6.5.2 エクダイソン制御系に関する遺伝子

竹内秀明らは，同様にディファレンシャル・ディスプレイ法を用いて新規な転写因子 **Mblk-1**（Mushroom body large-type Kenyon cell-specific protein-1）が大型ケニヨン細胞選択的に発現することを見いだした（図6.5）．その後の國枝武和や朴 正敏らによる生化学的な解析から，Mblk-1 は MAPK によるリン酸化により活性化される塩基配列特異的な転写因子であることが判明した．Mblk-1 はショウジョウバエのエクダイソン制御系遺伝子 *E93* のホモログである．E93 は**エクダイソン受容体**(EcR)の下流ではたらく因子で，欠失変異体では変態に異常を生じる．

エクダイソンは昆虫の脱皮ホルモンで，幼虫では前胸腺で合成され，エクダイソンの体内濃度が上昇すると脱皮や変態が起きる．エクダイソンは，初期遺伝子と呼ばれるいくつかの転写因子の遺伝子発現を直接誘導し，蛹では成虫原基の発生と幼虫組織の崩壊を引き起こす．そこでラジブ・クマール・ポール（Rajib Kumar Paul）と竹内らが *EcR* やいくつかの初期遺伝子のミツバチ脳での発現を調べたところ，Broad-Complex の遺伝子は *Mblk-1* 同様，大型ケニヨン細胞選択的に発現したが，E75 の遺伝子はキノコ体全体に，また EcR と E74 の遺伝子は小型ケニヨン細胞選択的に発現していた．このことは，ミツバチの脳のキノコ体では**エクダイソン制御系**が何らかの役割をもつ可能性を示唆している（図6.5）．

さらに，山崎百合香らは cDNA マイクロアレイ法を用いて，働きバチの分業に伴って約4倍，脳での発現量が増大する遺伝子を見いだした．この遺

6.5 ミツバチの脳領野選択的に発現する遺伝子

伝子は，**HR38**という，エクダイソン受容体（EcR）と似て非なる核内受容体をコードしていた．カやショウジョウバエではHR38はEcRとそのコファクターである**ウルトラスピラクル**（USP）を競合し，EcRとは異なるエクダイステロイドに結合し，EcRと異なる標的遺伝子を活性化する．ミツバチでは上記の通り，*EcR* も脳の中で，小型ケニヨン細胞選択的に発現する．したがって，働きバチの分業に伴って小型ケニヨン細胞の**エクダイソン情報伝達系**は，EcR依存からHR38依存経路にモード転換する可能性がある．あるいは，このエクダイソン情報伝達系の**モード転換**が小型ケニヨン細胞の転写制御変化を通じて，神経回路の改変や，ひいては働きバチの分業に関連する可能性も考えられる（図6.5）．

なお，ミツバチのMblk-1の生体内機能は未だ不明であるが，そのホモログは昆虫のみならず，線虫やマウス，ヒトまで種を超えて保存されている．鹿毛枝里子と林 悠らは，線虫を用いて遺伝学的にMblk-1ホモログ（Mblk-1-related factor 1, MBR-1）の機能解析を行っている．その結果，線虫でも発育段階に伴って『**過剰な神経突起の剪定**』が起きており，MBR-1はこの過程で過剰な神経突起を剪定するための「ハサミ」として働くことが判明した．多くの動物の脳の発生段階ではいったん，不必要な（過剰な）神経連絡が起き，その後，不必要な神経連絡が除かれて（剪定されて）成熟した脳ができあがる．MBR-1は線虫ではこの過程に働いていた．ただし，ミツバチを含めて他の動物でもMblk-1ホモログが同様な機能をもつのかは，今後の検討が必要である．

表6.1に，これまでに報告されたミツバチの脳でキノコ体選択的に発現する遺伝子の種類と，それら遺伝子がどのケニヨン細胞サブタイプで発現するかをまとめた．多くの遺伝子は大型か小型ケニヨン細胞のどちらかで強く発現し，両者で発現する遺伝子は少ない．また中間型ケニヨン細胞選択的に発現する遺伝子は *mKast* のみである．このことは，ミツバチ脳の中でキノコ体は特徴的な**遺伝子発現プロフィル**（細胞特性）をもち，それぞれのケニヨン細胞サブタイプもかなり異なる細胞特性をもつことを示唆している．

さまざまな動物で，カルシウム情報伝達系は神経可塑性を介して記憶・

■ 6 章　社会性昆虫ミツバチの行動分子生物学

表 6.1　ミツバチで脳領野選択的に発現する遺伝子のまとめ

遺伝子名	遺伝子産物の機能	選択的に発現する脳領野	文献
カルシウム情報伝達系			
IP_3R	イノシトール 1, 4, 5 (IP_3)-3 リン酸受容体	大型	Kamikouchi et al., 1998; 2000 Sarma et al., 2007
$CaMK II$	Ca^{2+}/カルモジュリン依存性プロテインキナーゼ II	大型	Kamikouchi et al., 2000 Sarma et al., 2007
PKC	プロテインキナーゼ C	キノコ体全体	Kamikouchi et al., 2000
IP_3P	IP_3 フォスファターゼ	大型	Takeuchi et al., 2002
IP_3K	IP_3 キナーゼ（タイプ A と B）	タイプ A は脳全体、タイプ B は視葉	Kucharski & Maleszka, 2002
Ryr	リアノジン受容体	大型	Uno et al., 2012
Reticulocalbin	小胞体内のカルシウム結合タンパク質	大型	Uno et al., 2012
エクダイソン制御系			
Mblk-1/E93	エクダイソン制御系遺伝子/転写因子	大型	Takeuchi et al., 2001
BR-C	エクダイソン制御系遺伝子/転写因子	大型	Paul et al., 2006
E74	エクダイソン制御系遺伝子/転写因子	小型	Paul et al., 2005
E75	エクダイソン制御系遺伝子/転写因子	キノコ体全体	Paul et al., 2006
HR38	ホルモン受容体様 38（オルファン受容体）	小型	Yamazaki et al., 2007
USP	ウルトラスピラクル（EcR に結合するコファクター）	キノコ体全体	Velarde et al., 2006
EcR	エクダイソン受容体	小型	Takeuchi et al., 2007
ドーパミン受容体			
Dop2	ドーパミン D2 様受容体	小型（恒常的）と大型（加齢により発現亢進）	Humphries et al., 2003
その他の情報伝達系			
RJP-3	ローヤルゼリー主要タンパク質-3	「限られたケニヨン細胞のポピュレーション」	Kucharski & Maleszka, 1998
PKA	cAMP 依存性プロテインキナーゼ	キノコ体全体，加えて弱く触角葉と視葉	Eisenhardt et al., 2001 Sarma et al., 2007
For (PKG)	cGMP 依存性プロテインキナーゼ	小型と視葉のラミナ	Ben-Shahar et al., 2002
MESK2	Ras/MAPK 情報伝達系に関わると推定されるタンパク質	視葉の腹側を横断するゾーン	Kaneko et al., 2010
mKast	アレスチン関連タンパク質	中間型（大型と小型を除く）と視葉	Kaneko et al., 2013
微小管関連タンパク質			
Futsch	微小管関連タンパク質（22C10 抗原）	視葉の単極細胞	Kaneko et al., 2010
Tau	微小管関連タンパク質	視葉の単極細胞	Kaneko et al., 2010
その他のタンパク質/ペプチド			
Trp	タキキニン関連ペプチド（神経修飾因子）	小型と大型（中間型を除く）と一部の視葉と触角葉の神経細胞	Takeuchi et al., 2004
JHDK	幼若ホルモン (JH) ジオールキナーゼ（JH 不活化酵素）	小型と大型（中間型を除く）	Uno et al., 2007
非翻訳性 RNA			
Ks-1	機能未知	小型と大きな細胞体をもつ神経細胞	Sawata et al., 2002
Nb-1	機能未知	オクトパミン陽性細胞	Tadano et al., 2009
mir-276	miRNA	小型と視葉	Hori & Kaneko et al., 2010

大型：大型ケニヨン細胞，小型：小型ケニヨン細胞，中間型：中間型ケニヨン細胞
(Kubo, 2012 を改変)

学習のベースとなる．たとえばマウスの海馬では *CaMKⅡ* が強く発現し，*CaMKⅡ* をノックアウトしたマウスでは記憶・学習が障害される．したがって，ミツバチの大型ケニヨン細胞ではカルシウム情報伝達系に基づく神経可塑性が亢進している可能性がある．また，小型ケニヨン細胞のエクダイソン情報伝達系は働きバチの分業と関連する可能性がある．これらのミツバチのキノコ体選択的に発現する遺伝子の多くは，ショウジョウバエではキノコ体選択的には発現しない．このことは，こうした遺伝子発現プロファイルから推測されるケニヨン細胞のサブタイプの細胞特性が，ミツバチ固有なものであることを暗示している．

6.6 働きバチの分業を制御する内分泌系

6.6.1 働きバチの分業を制御する内分泌系：(1) 幼若ホルモン

ここで，ミツバチの働きバチの行動を制御する因子としてのホルモンについての知見をご紹介したい．昆虫の脱皮・変態は**エクダイステロイド**〔**20-ヒドロキシエクダイソン（20E）が代表的分子**〕と**幼若ホルモン（JH）**という2つのホルモンにより制御される．完全変態昆虫ではエクダイステロイドとJHが同時にはたらくと幼虫脱皮が起き，エクダイステロイドが単独ではたらくと蛹化（変態）が起きる．幼虫ではエクダイステロイドは前胸腺で合成，分泌されるが，変態期に**前胸腺**は崩壊し，雌成虫では卵巣で合成され卵形成に関わる．

ミツバチではJHが幼虫脱皮だけでなく，カースト分化と働きバチの分業も制御すると考えられている．幼虫体液中のJH濃度は働きバチより女王バチで高く，働きバチ幼虫にJHを投与すると羽化した個体は女王バチ様の形態を示す．成虫体液中のJH濃度も女王バチで高く，若い女王バチではJHは卵黄タンパク質であるビテロジェニン合成にはたらく．一方，JHは働きバチの齢差分業にも関わる．米国イリノイ大学のジーン・E・ロビンソン（Gene E. Robinson）らと玉川大学の笹川浩美らは独立に，体液中のJH濃度が育児バチより採餌バチで高く，育児バチにJHを投与すると通常より早く採餌バチになることを見いだした．ただし，働きバチの**アラタ体**（JHの分泌器官）

143

を除去しても，分業する時期は遅れるが，分業自体は起きるので，JHは分業のタイミングを決める「ペースメーカー」のような役割をもつと考えられている．

ではJHはどのように働きバチの分業を制御するのだろうか？　先述のように，キノコ体は働きバチの分業に伴ってプロポーション変化を起こす．米国ウェストフォレスト大学のスーザン・ファーバッハ(Susan Fahrbach)らは，育児バチに比べて，採餌バチではキノコ体の細胞体が占める割合が約29%縮小し，逆に，ニューロパイルが占める割合は約15%増加することを見いだした．さらに，羽化後1日の働きバチにメソプレン（JHアナログ）を投与し，11日後キノコ体の形状を調べると，採餌バチと同様のプロポーション変化を起こした．採餌行動ができない（巣から出ないよう働きバチを操作した）場合でも，メソプレン処理後11日目の働きバチのキノコ体は同様なプロポーションの変化を起こした．このことは，JHがキノコ体のプロポーション変化を引き起こすことを示唆している．しかし，現時点ではJHの受容体は未同定であり，その作用機序はわかっていない．

6.6.2　働きバチの分業を制御する内分泌系：(2) エクダイステロイド

一方，エクダイステロイドとミツバチのカースト分化や分業との関連はこれまでほとんど不明であった．その理由の1つは，成虫である働きバチには前胸腺が存在せず，また不妊カーストで卵巣が退縮しているため，エクダイステロイドが合成されないと思われたためである．しかし，先述のように，ミツバチ脳では**エクダイソン制御系遺伝子**がキノコ体選択的に発現する．働きバチでもエクダイステロイドは合成されるのだろうか？

一般に，昆虫のエクダイステロイドは前胸腺において，植物由来ステロイドから6つの**シトクロムP450**による水酸化を経て合成される．合成されたエクダイソンは前胸腺から各組織に体液を通じて運搬され，別のP450により活性化型20Eに転換され奏功する．

山崎らが，エクダイソン合成の初期過程ではたらく**neverland**と**Non-molting glossy/shroud**の遺伝子が働きバチの体内のどの組織で発現するか

6.6 働きバチの分業を制御する内分泌系

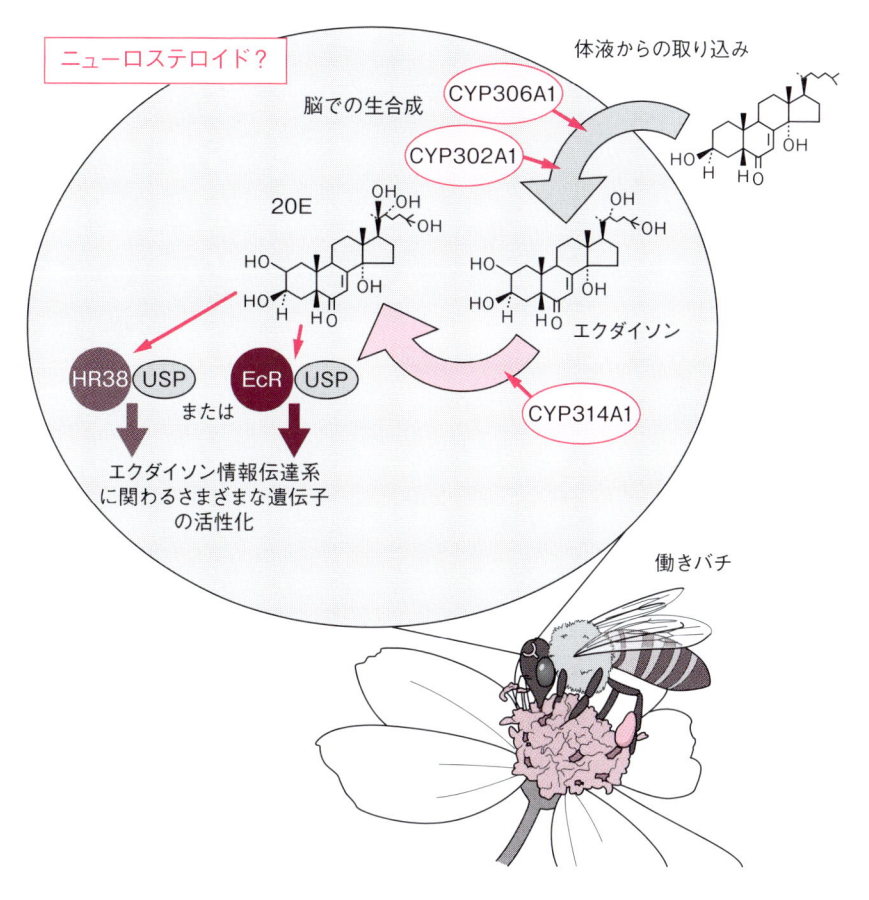

図 6.6 働きバチの脳におけるエクダイソンの生合成と役割に関するモデル図
エクダイソン合成の初期段階は女王バチと同様卵巣で進行するが，エクダイソン合成酵素遺伝子の発現を見る限り，後期段階は脳で進行する可能性がある．その場合，初期段階の代謝産物である 2, 22, 25- トリデオキシエクダイソンが脳に取り込まれ，CYP306A1（25- ヒドロキシラーゼ）と CYP302A1（22- ヒドロキシラーゼ）などの作用により，エクダイソンが生成される．エクダイソンは CYP314A1（25- ヒドロキシラーゼ）の作用により脳でも活性化型 20- ヒドロキシエクダイソン（20-E）に転換される．小型ケニヨン細胞では，20-E は EcR-USP 複合体（育児バチ）や HR38-USP 複合体（採餌バチ）に結合し，さまざまな遺伝子の活性化にはたらくと考えられる．

■6章 社会性昆虫ミツバチの行動分子生物学

調べたところ，女王バチ同様に卵巣で最も強く発現していた．ところが，エクダイソン合成後期過程にはたらく **CYP306A1** と **CYP302A1** の遺伝子は，女王バチでは卵巣で強く発現したが，働きバチでは卵巣より脳で強く発現していた．一方，エクダイソンを 20E に転換する **CYP314A1** の遺伝子は脳と卵巣，脂肪体で強く発現した．このことは，働きバチではエクダイソン合成の後期過程が脳で進行し，脳で合成されたエクダイソンは脳や卵巣，脂肪体で 20E に転換されて奏功することを示唆している（図 6.6）．実際，脂肪体の *in vitro* 培養では培地中にエクダイソンと 20E が分泌されていた．

哺乳類では脳でもステロイドホルモンが合成され，「**ニューロステロイド**」と呼ばれるが，ミツバチでも脳で「ニューロステロイド」としてエクダイステロイドが合成されるのかも知れない．エクダイステロイドが実際に働きバチの分業を制御しているかは今後の課題だが，ミツバチでは，変態時に体の作り替えに用いたエクダイソンが成虫では脳で作られ，キノコ体のはたらきを調節することで分業が生じた可能性がある．

6.7 視葉選択的に発現する遺伝子の検索と，「中間型」ケニヨン細胞の発見

6.7.1 大型ケニヨン細胞の一部と小型ケニヨン細胞に発現する *jhdk* と *trp*

話をミツバチの脳領野選択的に発現する遺伝子に戻したい．ミツバチでは，キノコ体選択的に発現する遺伝子の多くが，大型か小型のケニヨン細胞のどちらかに選択的に発現したが，そのどちらとも異なる発現パターンを示す遺伝子が 2 つ見いだされた．1 つは竹内らにより同定された**タキキニン関連ペプチド**（Tachykinin-related peptide, **Trp**），もう 1 つは，宇野らにより同定された **JH 不活化酵素**（JH diol kinase, **JHDK**）の遺伝子である．Trp はキノコ体に限局して存在する神経ペプチドとして MALDI-TOF/MS 法で同定され，その遺伝子はキノコ体に限局して発現することが見いだされた．Trp は多くの昆虫から同定され，多様な生理活性が報告されているが，調べられたすべての昆虫では脳のキノコ体以外の部域で発現する．したがって，Trp のキノコ体選択的発現はミツバチ固有な現象であり，ミツバチのケニヨン細胞が Trp を用いた神経修飾作用をもつことを示唆している．この Trp 遺伝

子は，ミツバチのキノコ体では，大型ケニヨン細胞の外側領域（L-1）と小型ケニヨン細胞で選択的に発現するが，大型ケニヨン細胞の内側領域（L-2）でほとんど発現していなかった（図 6.5）．一方，JHDK は JH の水酸基をリン酸化することで JH を不活化する．この遺伝子のキノコ体選択的発現は，JH がキノコ体で作用（作用後，JHDK により失活）することを示唆するのかも知れない．*JHDK* は *Trp* 同様，大型ケニヨン細胞の外側領域（L-a）と小型ケニヨン細胞で選択的に発現するが，大型ケニヨン細胞の内側領域（L-b）ではほとんど発現していない（図 6.5）．では，この仮に L-2/L-b と命名した大型ケニヨン細胞は一体何を意味するのだろうか？　この問題は思いがけない方面から解決された．

6.7.2　視葉選択的に発現する遺伝子の検索と同定

最近，金子九美らはミツバチ脳で視葉選択的に発現する遺伝子の網羅的検索を行った．視葉は昆虫脳の**視覚中枢**である．コラムで述べるように，働きバチは巣から餌場までの距離を，採餌飛行中に受容した光学的流動量に基づいて測定する．こうした視覚情報処理は，高次中枢であるキノコ体や視覚中枢である視葉で行われる可能性がある．ミツバチの視葉は，網膜に続く外側から内部にかけて，3 つの層構造：視葉板（ラミナ），視髄（メダラ），視小体（ロビュラ）から構成される（図 6.2）．各層では色の波長，物の動きや動く方向に応答する神経細胞の割合が異なり，異なる視覚情報が処理されると考えられている．各層では多くの神経細胞が個々の個眼から層構造に対して垂直方向に伸びる，「コラム」や「カートリッジ」と呼ばれる管状構造を形成する．

同定された 3 つの遺伝子のうち，**チューブリン関連タンパク質**をコードする **Futsch** と **Tau** の遺伝子は，ラミナで視覚対象のコントラスト調整（輪郭の抽出）にはたらく単極細胞選択的に発現していた．ショウジョウバエ *futsch* はよく知られた神経マーカーであり，中枢神経系や末梢神経に広範に発現する 22C10 をコードする．ミツバチでの *Futsch* や *Tau* の単極細胞選択的発現は，Futsch や Tau が単局細胞の軸索の維持や安定化に重要なはたら

■6章　社会性昆虫ミツバチの行動分子生物学

きを担うことを示唆している．

　2つ目の遺伝子はショウジョウバエの *mesk2*（<u>m</u>is<u>e</u>xpression <u>s</u>upressor of dominant negative <u>k</u>inase suppressor of Ras<u>2</u>）ホモログであった．ショウジョウバエの *mesk2* は，複眼で強制発現させると Ras 情報伝達系を撹乱させる性質を指標に検索・同定された機能未知の遺伝子である．ミツバチの *Mesk2* は視葉を構成する 3 つの層のうち，ラミナ - メダラ間の腹側の，網膜を水平に横切るゾーンで選択的に発現していた．解剖学的にはこれらの発現細胞は区別されないが，発現細胞の位置を考えると地上に存在する視覚対象（光学的流動など）の情報処理に関わる可能性が考えられる．MESK2 は細胞内情報伝達に関わる候補タンパク質であり，*Mesk2* 発現細胞の神経可塑性などに関わる可能性も考えられる．視葉選択的に発現する 3 つ目の遺伝子の解析はミツバチ脳の構造に関する予想外の発見をもたらした．

6.7.3　*mKast* を選択的に発現する「中間型」ケニヨン細胞の発見

　後に，そのキノコ体における発現様式に基づいて，金子らが *mKast*（<u>m</u>iddle-type <u>K</u>enyon cell-preferential <u>a</u>rrestin-related protein）と命名した 3 番目の遺伝子は，視葉で強く発現するほか，キノコ体では珍しい発現様式を示した．大型と小型のケニヨン細胞の境界面に選択的に発現していたのである（図 6.5）．視葉選択的に発現するという基準に基づくと解析の優先度は下がるが，キノコ体の未知の内部構造解明に繋がるかも知れないとの期待から，この遺伝子の解析を進めた．

　mKast はミツバチゲノムの新規遺伝子 GB18367 に対応した．mKast は**アレスチン**という，**G タンパク質共役受容体**の細胞内輸送に関わるタンパク質と共通なドメインを有していたが，アレスチンとのアミノ酸配列の相同性は約 30％と低く，アレスチンよりも，アレスチンと関連する新規なタンパク質ファミリーに属していた．

　mKast を発現するケニヨン細胞と，大型と小型のケニヨン細胞の関係を調べるため，*mKast* と，大型ケニヨン細胞選択的に発現する 2 つの遺伝子（*Mblk-1* と *CaMK*Ⅱ）と，大型ケニヨン細胞外側領域（L-1/L-a）と小型ケニヨン細

胞選択的に発現する 2 つの遺伝子（*Trp* と *jhdk*）と *mKast* の発現領域を比較した．その結果，*mKast* の発現領域は，*CaMKⅡ* と *Mblk-1* が選択的に発現する大型ケニヨン細胞とは重ならず，*trp* と *jhdk* が発現しない大型ケニヨン細胞の内側領域（L-2/L-b）と一致した．このことは，*mKast* を発現するケニヨン細胞は，大型や小型ケニヨン細胞とは異なる遺伝子発現プロフィルをもつ新規なケニヨン細胞であることを示している．このケニヨン細胞の細胞体の大きさは大型（9～11 μm）と小型（7～9 μm）のちょうど中間だったので，筆者らはこれを，「中間型」ケニヨン細胞と命名した．その後の解析で，これまで大型ケニヨン細胞選択的に発現すると報告した遺伝子はすべて中間型を含まない大型ケニヨン細胞，小型ケニヨン細胞選択的に発現すると報告した遺伝子はすべて中間型を含まない小型ケニヨン細胞に選択的に発現することが判明した．このことは，ミツバチのキノコ体の傘内部には，従来考えられてきたように，大型と小型の 2 種類ではなく，大型と中間型，小型という 3 種類のケニヨン細胞が存在することを示している（図 6.5）．

　では中間型ケニヨンは，大型や小型ケニヨン細胞とどのように関係するのだろうか？　変態期のキノコ体では傘内側の中心部で神経芽細胞が増殖し，増殖した神経細胞は，左右に押し出されるように移動して，順に，傘外側のクラスⅡケニヨン細胞と，傘内部の大型，小型ケニヨン細胞に分化する．そこで蛹脳での *mKast* の発現を調べてみると，大型と小型ケニヨン細胞の細胞増殖が終わってから *mKast* が発現することがわかった．このことは，中間型ケニヨン細胞は，大型と小型のケニヨン細胞のいずれか，またはその両者から新たに分化することを示唆している．*mKast* 中間型ケニヨン細胞に選択的に発現することで，中間型ケニヨン細胞における大型や小型ケニヨン細胞選択的に発現する遺伝子の発現が抑制される可能性もありそうである．

6.8　初期応答遺伝子を用いたミツバチの脳領野の役割解析

6.8.1　ミツバチからの新規な初期応答遺伝子 *kakusei* の同定

　これまで，ミツバチで脳領野選択的に発現する遺伝子と，それに基づく新規な脳領野の同定について述べてきた．では，各脳領野はミツバチの社会性

■ 6章 社会性昆虫ミツバチの行動分子生物学

行動発現においてどのような役割をもつのだろうか．この問題を解く上では，ミツバチがその行動を示す際に，脳のどこで**神経興奮（神経活動）**が起きているか調べることが有効である．2009年に木矢剛智は，**初期応答遺伝子**（immediate early gene）を用いてダンスをする働きバチの脳の活動領域を調べることを着想した．初期応答遺伝子は，神経細胞が興奮した後に，一過性にその神経細胞で発現誘導される遺伝子のことであり，神経興奮のマーカーとして利用される．哺乳類では *c-fos* などの転写因子の遺伝子が初期応答遺伝子として利用されており，鳥類では転写因子 ZENK の遺伝子を初期応答遺伝子として用いて，さえずり学習の際に活動する脳の領野が調べられた．しかしながら昆虫では初期応答遺伝子は未同定であった．木矢らは，二酸化炭素で働きバチを麻酔させ，麻酔から覚醒させた際に，脳で一過性に（覚醒後 30〜60 分）発現誘導される遺伝子をディファレンシャル・ディスプレイ法で検索し，*kakusei*（覚醒）と命名した新規な初期応答性遺伝子を同定した．*kakusei* は哺乳類の初期応答遺伝子とは異なり，非翻訳性核 RNA（non-coding nuclear RNA, ncRNA）をコードしていた．

6.8.2 初期応答遺伝子 *kakusei* を用いた採餌バチの脳の活動部位の同定

ダンスを踊った働きバチとそれに追従した働きバチ，さらに育児バチの脳での *kakusei* の発現を *in situ* ハイブリダイゼーション法で調べてみると，ダンスを踊った働きバチの脳でだけ，キノコ体傘内部の中央部，主に小型ケニヨン細胞の細胞体が集合している領域で *kakusei* が発現していた．多くの採餌バチは約 15〜30 分の間隔で採餌飛行を行ったので，この結果は，ダンスを踊る働きバチでは，主に小型ケニヨン細胞が活動することを示している．ダンスを踊るのは，巣帰する働きバチの一部であるが，同様な神経興奮は帰巣したすべての働きバチで検出されたので，この神経活動は直接，ダンス行動と関連するのではなく，むしろ採餌飛行と関連するものと考えられた．

さらに，この小型ケニヨン細胞の神経活動が飛行時の**空間記憶**と関連するか調べるため，定位飛行バチと比較した．夜中に巣の位置を変えると，朝，巣から出てきた働きバチは巣の周りを飛び回り（定位飛行），新しい巣の位

置を，周りの景観（landmark）と関連づけて覚える．その結果，定位飛行バチでは採餌バチとは異なり，キノコ体全体で神経興奮が検出された．したがって，小型ケニヨン細胞選択的な神経興奮は採餌バチに特徴的と考えられる．さらに，このキノコ体の神経興奮が飛行距離と関連するか調べるために，尻振りダンスと円ダンスを踊る働きバチの脳の神経興奮を比較した．その結果，*kakusei* のキノコ体での発現は，尻振りダンスより円ダンスを踊る働きバチで高かった．一方，育児バチやダンスに追従した個体の脳では *kakusei* の発現は検出されなかった．以上の結果は，採餌バチの脳で検出されたキノコ体の神経活動が，採餌飛行時に受容した何らかの感覚情報の処理に関わることを示唆している．

6.8.3 採餌バチでは小型と一部の中間型ケニヨン細胞の神経興奮が亢進する

2009 年の時点では中間型ケニヨン細胞が見つかっていなかったため，採餌バチ脳の連続切片を用いた *in situ* ハイブリダイゼーション法により，*mKast*（中間型ケニヨン細胞のマーカー）と *kakusei*（神経興奮のマーカー）の発現領域を比較したところ，採餌バチの脳では小型ケニヨン細胞の全域と，それに接する一部の中間型ケニヨン細胞の神経興奮が亢進していることが判明した．つまり，採餌バチの脳では性質（遺伝子発現プロフィル）が異なる 2 種類の神経細胞が興奮していたのである（図 6.5，図 6.7）．

なお昆虫の初期応答遺伝子に関しては，木矢らは 2013 年に，ショウジョウバエでは先述の *HR38* が初期応答遺伝子であることを報告した．しかしながら，ミツバチの *HR38* も初期応答遺伝子であるかは現時点では不明である．また，2014 年にロビンソンらと宇賀神篤らは独立した研究により，脊椎動物で初期応答遺伝子として汎用される転写因子 **Egr-1** の遺伝子のホモログをミツバチから同定し，それが初期応答遺伝子であることを報告した．ロビンソンらはさらに，*Egr-1* を用いて定位飛行するミツバチの働きバチではキノコ体全域の神経活動が亢進していること，宇賀神らは採餌バチではキノコ体中央部のケニヨン細胞の神経活動が亢進していることを報告したが，これらは先の *kakusei* を初期応答遺伝子として用いた神経活動マッピングの結果と

■ 6章　社会性昆虫ミツバチの行動分子生物学

A

B

C

mKast（中間型ケニヨン細胞マーカー）の発現部位

kakusei（神経活動マーカー）の発現部位

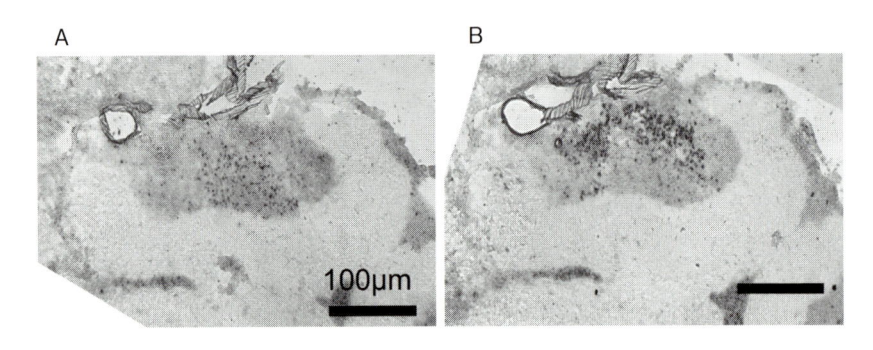

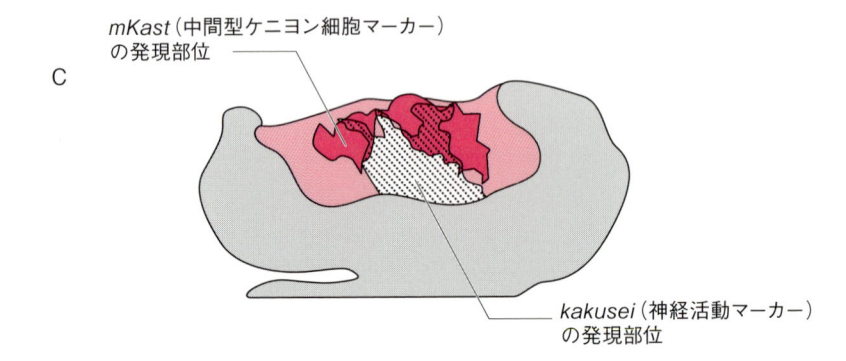

図 6.7　採餌バチでは特定のケニヨン細胞の神経活動が亢進している
　神経活動マーカーである kakusei（A, 傘の内側の黒いドットがシグナル）と，中間型ケニヨン細胞のマーカーである mKast（B, 傘の内側の黒いドットがシグナル）の発現部位の比較．(C) は，(A) と (B) の結果を重ね合わせた模式図．白地に黒いドットで (A) の kakusei の発現部位，濃い赤で (B) の mKast の発現部位を示す．kakusei の発現部位は mKast 発現部位（中間型ケニヨン細胞）の一部と，その内側（小型ケニヨン細胞）のほぼ全部と重複する．つまり，採餌バチの脳では小型ケニヨン細胞と一部の中間型ケニヨン細胞の神経活動が亢進している（Kaneko et al., 2013 を改変）．

一致するものであった．今後，さまざまな昆虫種で HR38 や Egr-1 を**神経活動マッピング**に用いる研究が進展すると期待される．

　先述のように，ヒトの大脳新皮質には運動性のブローカ野と感覚性のウェルニッケ野という2つの言語野が存在するが，それらの遺伝子発現プロフィルがどのように異なるのかは不明である（図 6.8）．採餌バチの脳で活動する

6.9 ニホンミツバチの熱殺蜂球形成行動時に活動する脳領野

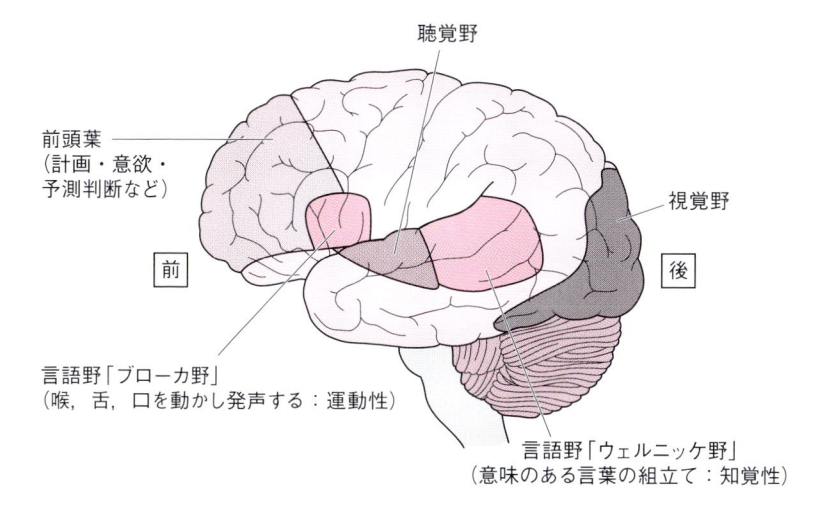

図 6.8 ヒトの脳における「脳機能局在論」
ヒトの大脳新皮質では，それぞれ特定の部位が特定の機能を担うと考えられている．ここでは，主に言語能力に関連する領野を示している．

小型と中間型ケニヨン細胞は，ダンス行動そのものとは直接は関係しないが，ダンスで表現されるべき採餌飛行時に受容した感覚情報の処理に関わる可能性が考えられる．これらのケニヨン細胞が，ミツバチ脳の「**ダンス言語野**」の一部に相当するのか，今後の解析に興味がもたれる．

6.9　ニホンミツバチの熱殺蜂球形成行動時に活動する脳領野

前項で述べた *kakusei* を神経興奮マーカーとして用いる実験は，採餌行動以外でも，ミツバチが強く興奮すると考えられる行動に適用可能である．こうした行動の一つに，ニホンミツバチ（*Apis cerana*）が天敵のオオスズメバチに対して示す「**熱殺蜂球形成**」がある．通常，ミツバチは敵を針で刺すことで攻撃する．ところが，ニホンミツバチはオオスズメバチに対して異なる攻撃行動を示す．巣にオオスズメバチが侵入してくると，数百匹の働きバチがいっせいにオオスズメバチを取り囲み，「熱殺蜂球」を形成する．そして飛翔筋を震わせて蜂球内の温度が 46〜47℃ 程度になるまで発熱する．ニ

■6章 社会性昆虫ミツバチの行動分子生物学

ホンミツバチの致死温度が49℃であるのに対し，オオスズメバチの致死温度が45℃であることを利用して，オオスズメバチを「蒸し殺す」のである．セイヨウミツバチはこうした行動を示さず，しばしばオオスズメバチの攻撃を受けたコロニーは壊滅する．1995年に玉川大学の小野正人らにより発見されたこの現象は，オオスズメバチと生息域が重複するニホンミツバチが固有に獲得した行動様式と考えられている．

　宇賀神らが，ニホンミツバチの*kakusei*ホモログ（*Acks*と命名）を同定し，蜂球形成後，経時的に蜂球から働きバチを採集し，脳のどこが活動しているかを*Acks*発現を指標に調べたところ，蜂球形成直後は神経興奮が検出されないが，蜂球形成後30～60分でキノコ体傘外側の**クラスⅡケニヨン細胞**で選択的に神経興奮が検出された（図6.9）．*Acks*の発現は，その約30分前の神経興奮を反映することを考慮すると，クラスⅡケニヨン細胞は蜂球形成後

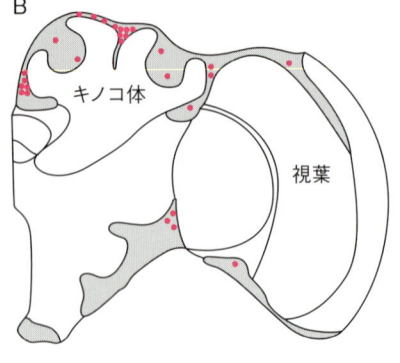

図6.9 熱殺蜂球を形成するニホンミツバチではクラスⅡケニヨン細胞の神経活動が亢進している
(A)「熱殺蜂球形成」行動を示すニホンミツバチの働きバチ．数百匹の働きバチがオオスズメバチを取り囲み，蒸し殺す．オオスズメバチの頭部が蜂球の下部にわずかに見えている（写真提供：玉川大学　小野正人博士）．(B)熱殺蜂球形成に参加していたニホンミツバチ働きバチの脳での*kakusei*発現細胞（＝活動が亢進している神経細胞）の分布の模式図（赤点）．とくに，キノコ体の傘の外側のクラスⅡケニヨン細胞の神経活動が亢進している（Ugajin *et al.*, 2012を改変）．

154

から興奮を開始し，その興奮は 30 分以上維持されると考えられる．

では，クラスⅡケニヨン細胞の興奮は何を意味するのだろうか？　同様な神経興奮は，働きバチを実験室で虫籠に入れ，人工的に 46℃に熱した場合にも検出された．このことは蜂球を形成する働きバチの脳で検出された神経興奮が，高温によって誘導された可能性を示唆している．蜂球形成では蜂球内温度が約 46℃で維持されることが重要である．46℃より低いとオオスズメバチが死なないし，46℃より高いとニホンミツバチも死んでしまう．この神経興奮は蜂球内温度をモニターし，温度が上がりすぎた際には，飛翔筋の活動を抑えることで温度を下げる「サーモスタット」のような役割をするのかも知れない．

6.10　ミツバチ脳に発現する非翻訳性 RNA

ミツバチの脳からは，先述の初期応答遺伝子 *kakusei* のほかにも，領野選択的あるいは行動依存的に発現する**非翻訳性 RNA** が多数，同定されている．最初に見つかったのは **Ks-1**（<u>K</u>enyon cell/<u>s</u>mall-type preferential gene-<u>1</u>）で，17.5kb のサイズの現在でいう，長鎖 ncRNA である．それまでに見つかっていた長鎖 ncRNA は，世界的にも哺乳類の X 染色体遺伝子量補償[*6-1]に関わる Xist と，同様にショウジョウバエの X 染色体の遺伝子量補償に関わる RoX だけであったが，両者は性特異的に発現する．一方，澤田美由紀らが発見したミツバチの Ks-1 は，雄でも雌でも発現し，脳ではキノコ体の小型ケニヨン細胞選択的に発現した．Ks-1 ホモログは他動物種には存在せず，現時点ではその機能は不明であるが，細胞核に複数のドットとして存在し，その数は細胞腫により異なるので，遺伝子発現制御に関わる可能性も考えられる．

一方，澤田らにより発見された **AncR-1**（*<u>A</u>pis* <u>n</u>on<u>c</u>oding <u>R</u>NA-1）は，イ

[*6-1]　たとえばヒトでは，男性と女性の性染色体は XY と XX で女性の方が X 染色体が 2 つあるので，そのどちらかが不活性化され，X 染色体由来の遺伝子の発現量を男性と同等にする作用のこと．

■6章　社会性昆虫ミツバチの行動分子生物学

ントロンをもたない遺伝子にコードされる Ks-1 とは異なり，そのゲノムにはイントロンが存在し，転写産物にはポリ（A）が付加される mRNA タイプの ncRNA である．Ks-1 同様，その転写産物は核内でドット状に存在するが，Ks-1 とは異なり，ミツバチの脳全体に発現し，Ks-1 と発現が重複する脳領野では，核内では Ks-1 と異なる場所に存在するため，Ks-1 とは異なるはたらきをもつと推察される．AncR-1 は女王バチの卵巣，雄バチの精巣，働きバチの下咽頭腺（育児バチでローヤルゼリーを合成・分泌する器官）など，各個体の役割に特徴的な組織で発現するため，カーストや性差による生理状態の違いに関係する可能性がある．

Nb-1（Nurse bee-preferential gene-1）遺伝子は先述の HR38 と同時に，女王バチと育児バチ，採餌バチ脳で発現が異なる遺伝子として多田野寛人らにより同定された．HR38 の発現は育児バチより採餌バチで高かったが，Nb-1 の発現は採餌バチより育児バチの脳で高かった．Nb-1 の鎖長は約 600b でゲノムにはイントロンはない．脳内では，**オクトパミン**（昆虫の神経伝達物質）の合成（陽性）細胞の一部に発現する．オクトパミン陽性細胞は，アラタ体からの JH 分泌を制御するが，体液中の JH レベルは育児バチより採餌バチで高いので，Nb-1 の脳での発現量は JH 体液中レベルと関連するのかも知れない．以上述べた長鎖非翻訳性 RNA は，現時点ではミツバチ以外の動物種からは同定されていない．これらの非翻訳性 RNA の機能にとっては，塩基配列そのものより特定の高次構造が重要なのかも知れない．

また，さまざまな動物で **miRNA**（鎖長が 10 〜 25b で，遺伝子発現抑制にはたらく短鎖 ncRNA）が同定されているが，ミツバチからも多くの miRNA が同定されている．そのうち，堀 沙耶香と金子らが同定した mir-276 と mir-1000 は体内では脳で発現が高く，また mir-276 は脳で領野選択的に発現する．先述のように，ミツバチでは多くの脳領野選択的に発現する遺伝子が同定されているが，mir-276 がそれらの遺伝子の転写後調節に関わる可能性も考えられる．

6.11 他動物の行動制御にはたらく遺伝子のミツバチでの解析

6.11.1 働きバチの分業に関わる遺伝子 *for*

筆者らのような，ミツバチにはその固有な行動様式を可能にする特異な脳のはたらきが存在するだろうとの推論がある一方で，ミツバチに固有な行動様式も，他の動物がもつ脳のはたらきの延長上に生じたのではないかとの推論もある．ここでは後者に基づく研究戦略の例として，ミツバチの **foraging**（「採餌する」の意味）**遺伝子**（*for*）と3章で解説した **period 遺伝子**（*per*）を取り上げる．先述のロビンソンらは，2006年のミツバチゲノム解読で指導的役割を果たした．また，同定したミツバチの全遺伝子をマイクロアレイにプリントすることで，マイクロアレイ法を利用して働きバチの分業に伴う脳の遺伝子発現変化や，ダンスコミュニケーションに関して少しずつ異なる形質を示すミツバチ種間で，脳の遺伝子発現を網羅的に比較するという戦略研究を実施してきた．一方，先述のようにほかの昆虫の行動制御に関わる遺伝子のホモログをミツバチで調べることで，ミツバチ固有な行動の分子・神経的基盤の解析を行っている．ここで述べる知見は，薬理学的手法を用いてミツバチの社会性行動に与える影響を調べた最初の例でもある．

ショウジョウバエの *for* には天然に *for^R* と *for^s* という2つのアレル（対立遺伝子）が存在し，*for^R* の遺伝子型のハエは *for^s* の遺伝子型のハエより，より広い範囲で採餌行動を行う．*for* は **cGMP 依存性プロテインキナーゼ**（protein kinase G：**PKG**）をコードしており，*for^R* の遺伝子型のハエは *for^s* の遺伝子型のハエより，脳での *for* の発現と PKG の酵素活性が高い．*for* の高い発現がより活発な採餌行動と関連することの遺伝学的な証明がある．ではミツバチの採餌行動にも *for* は関与するだろうか？ ミツバチの *for* をクローニングし，頭部での *for* の発現を調べたところ，採餌バチでは育児バチより2〜8倍発現が高かった．次に PKG の酵素活性が採餌行動に与える影響を調べる目的で，cGMP の難分解性アナログである 8-Br-cGMP を働きバチに投与し，cGMP の体内濃度を高めたところ，脳での PKG の酵素活性は約2倍上昇した．そこで，羽化後1日目の働きバチに連続して4日間，8-BrcGMPを投与した後，働きバチをコロニーに戻し，採餌行動を始める時期を調べたところ，8-Br-cGMPの投与量に応じて採餌行動を始める時期が早まった．一方，対照として8-Br-cAMPを投与した場合には，このような採餌行動の開始時期への影響は見られなかった．このことは，ミツバチでは*for*産物であるPKGの活性化が働きバチの分業の時期に影響することを示唆している．この知見は，ショウジョウバエでは野生集団の採餌行動様式の多型をもたらす遺伝子が，ミツバチでは個体発達における分業調節に関わる例として発表された．*for*は脳ではキノコ体の傘中央部に存在するケニヨン細胞と，視葉のラミナの多くの神経細胞で発現することから，*for*産物は視覚情報処理にも関わるものと推察されている．

6.11.2　働きバチの分業と *period*

3章で解説したように，*period*（*per*）は，ショウジョウバエの**概日リズム**に変調を来す変異体の原因遺伝子として同定された．per^Sとper^L，per^0という3つのアレルの変異体が見いだされている．野生型ショウジョウバエは恒暗条件下では，歩行活動や羽化の時期に約24時間のリズムを示すが，per^Sは約19時間という短いリズム，per^Lは約28時間という長いリズムを示す．一方，per^0は明瞭なリズムを示さない．若いミツバチの育児バチは，暗い巣内で24時間，育児などの仕事に従事するが，老齢の採餌バチは昼間のみ採餌行動を行う．実際，羽化直後の働きバチを実験室内で恒暗条件に置き，いつから歩行の概日リズムが発生するか調べると，羽化後約7～8日の若い働きバチで概日リズムが検出された．

では，*per*の発現とその日周期性は，働きバチの分業に伴ってどのように変わるのだろうか？　その結果，若い働きバチ（羽化後7～9日）でも年取った働きバチ（羽化後20～22日）でも，12時間ごとの明暗変化の条件では*per*は暗期に発現し，これを恒暗条件においても発現の日周期性が見られた．つまり，働きバチの日齢によらず*per*は日周期的発現変動を示したが，発現量自体は若い働きバチより年取った働きバチで約2～3倍程度高かった．この*per*の発現上昇は，採餌バチの日周期性を伴う採餌行動の，概日時計によ

158

る制御を駆動させるために必要ではないかと推察されている．

6.12　本章のまとめと展望

6.12.1　ハチ目昆虫に見る社会性の進化

　ハチ目昆虫には，ハバチやキバチという**単独性**（巣を作らず，自身の子育てをしない）から，ベッコウバチのように子のために巣を作り，餌（麻酔をかけたクモ）も用意するが親子対面はしない種類，クマバチのように子のために巣を作り，羽化してくる子供たちと親子対面し，1シーズンだけ親子が共同生活する種類（**亜社会性**）のほか，ダンスコミュニケーション能力はもたないが，ミツバチ同様に，高度な社会性をもつマルハナバチ（植物食），スズメバチやアシナガバチ（肉食），視覚よりも嗅覚に依存し，地中で生活するアリの仲間（以上は，**真社会性**）など，さまざまな社会性を示す種類が存在する．その社会性の進化が，どのような脳構造や機能の進化によりもたらされたのかは大変興味深い問題であるが，著者らは，その進化の大きな跳躍がこの章で概説したような，キノコ体を構成するケニヨン細胞の種類と構造，機能の多様化と関連した可能性を考えている．この仮説を検証するためには，今後，さまざまな社会性をもつハチ類の昆虫で，脳の構造や機能を解剖学的また分子生物学的手法を用いて，解析・比較することが必要になると思われる．

6.12.2　ハチ目昆虫での遺伝子操作技術の開発の必要性

　最後に，ハチ目昆虫での遺伝子操作の可能性と問題点を指摘して本章を終えたい．ミツバチで脳領野選択的に発現する遺伝子を手掛かりに，脳の各領野と社会性行動の関連を調べる研究戦略を遂行する上では，今後，ミツバチで**遺伝子改変技術**を確立することが必要である．世界の多くの研究グループが試行しているにも関わらず，未だにミツバチでは，ショウジョウバエやカイコで確立された受精卵への外来遺伝子の顕微注入による遺伝子組換えは成功していない．**RNAi**による遺伝子発現調節についても，胚発生での遺伝子機能解析に用いられた例はあるが，成虫脳で遺伝子発現を調節し，行動制御

■6章　社会性昆虫ミツバチの行動分子生物学

のしくみを調べた研究例はほとんどない.

　一方,安藤俊哉らはカイコで汎用される**バキュロウイルス**を利用したミツバチへの外来遺伝子の導入・発現を,また國枝らは**エレクトロポレーション法**を利用した脳への外来遺伝子の導入・発現を報告しているが,前者は外来遺伝子の発現効率の改善,後者では外科的手術がミツバチに与えるダメージの軽減が課題となっており,実用化にはなお改善が必要である.

　今後,どこから技術革新の突破口が開かれるかはわからないが,その突破口は社会性昆虫における脳と行動進化の謎を解くのみならず,動物一般の脳と行動の進化の謎解きにも,重要なヒントを与えるものになるのではないかと期待している.

(久保健雄)

コラム6章 ①
ミツバチは飛行距離をどのようにして計測するのか？

　ミツバチの働きバチは,尻振りダンスに表現すべき,巣から餌場までの距離をどのようにして計測するのだろうか？　2000年と2001年にドイツとオーストラリアのグループにより,働きバチは飛行中に受容した「**光学的流動(optic flow)**」量に基づき,飛行距離を計測しているとの有力な証拠が提出された.光学的流動とは,たとえば人が前に進むと,網膜に映る視覚対象の像が後方に移動する,このことをいう.

　2000年の論文では,長さ6mの狭いトンネルを2本設置し,働きバチを,その奥にある餌場(皿に入れてある砂糖水)に通うよう訓練した.この際,1本のトンネルの内壁にはランダムな黒白のピクセル模様をつけておき,他方のトンネルの内壁にはトンネルに平行な縞模様をつけておく.その結果,ピクセル模様をつけたトンネル内を飛行すると,トンネル内の距離が30倍近くも多く見積もられ,ダンスに

表現されることがわかった．狭いトンネル内を飛行することでピクセル模様が眼のすぐ近くで移動し，光学的流動の量が増えた結果，実際の距離以上に**飛行距離**が過大に見積もられたのである．

　2001 年には，トンネルの奥の餌場に通った働きバチから情報をもらった仲間の働きバチが，どの距離まで餌を探しに行くか調べられた．その結果，トンネルの中には入らずずっと遠くの，ダンスが示す距離まで餌を探しに行くことがわかった．また採餌飛行する方向が違うと，同じダンス時間でも異なる距離まで採餌飛行がなされた．これは，飛ぶ方向が違うと飛行経路にある地上の景色が違うため，飛行中に受容する光学的流動も異なるためである．つまり，尻振りダンスにおけるダンス時間は，働きバチが採餌飛行中に受容した光学的流動の量を示し，情報を受け取った働きバチはダンスが示す方角に，同じ光学的流動量を受容する距離まで飛ぶことがわかったのである．

コラム 6 章 ②
アリの体表炭化水素を用いた巣仲間認識

　アリは分類学上，昆虫綱—ハチ目—アリ科に属するハチの仲間の昆虫であり，地中に坑道を掘って作った巣で生活する．一部のアリでは働きアリのほかに，コロニーの防衛のために特化した兵隊アリというカーストが存在する．アリが行列を作って餌場と巣を行き来する様子がよく見られるが，これは働きアリの脚から分泌される「足跡フェロモン」を仲間の働きアリが追従することによってできるものであり，ミツバチの尻振りダンスのように餌場の位置の情報を伝達するコミュニケーションによるものではない．

では，アリはどのようにして巣仲間と非巣仲間を識別するのだろうか．神戸大学の尾崎まみこらは，クロオオアリの2つのコロニーから1匹ずつ働きアリを取り出してシャーレの中に入れると，互いに大顎で相手に噛みつき，取っ組み合いをすることを利用し，その原因を探った．2つの異なるコロニーに属する個体の**体表炭化水素**の組成比をまずGC/MSクロマトグラフィーを用いて比較すると，両者は異なるパターンを示す．そこで各コロニーの個体の粗抽出液を小さなビーズに塗布して，1つのコロニーの個体に提示したところ，非巣仲間の粗抽出液を塗布したビーズは攻撃したが，巣仲間の粗抽出液を塗布したビーズは攻撃しなかった．個体の粗抽出液から炭化水素分画を調製し，同様な実験を行ったところ，非巣仲間の炭化水素分画を塗布したビーズも攻撃した．このことは，クロオオアリが体表炭化水素を手掛かりに巣仲間と非巣仲間を識別することを示している．次いで，頭に生えている触角に，体表炭化水素を溶かした水溶液（界面活性剤 Triton X-100 を入れてある）を触れさせ，触角の嗅覚神経細胞の電気的活動を調べたところ，巣仲間の炭化水素を入れた場合はほとんど活動しなかったが，非巣仲間の炭化水素を入れると活動した．頭から切り離した触角を用いた場合も，非巣仲間の表面炭化水素を入れると触角の神経活動が起きた．このことは，アリの表面炭化水素を介した巣仲間認識が，脳ではなく，触角レベルで起きることを示している．昆虫の触角には感覚子と呼ばれる微細な刺がたくさん存在する．匂い分子はその表層の孔を通って感覚子を満たすリンパ液に入り，その中に樹状突起を伸ばす嗅覚神経細胞の受容体タンパク質に結合する．感覚子のリンパ液には疎水的な炭化水素を溶かすための「**化学感覚タンパク質**」が存在するため，体表炭化水素の組成比パターンを反映した形で溶かすことができ，触角による巣仲間認識を可能にしている．

　上川内らは以前に，セイヨウミツバチの触角でカースト（女王バチと働きバチ）依存に発現量が異なるタンパク質を電気泳動で検索した結果，化学感覚タンパク質と相同なタンパク質が，女王バチより働き

バチに多く存在することを見いだした．門番をする働きバチは，帰巣する働きバチと瞬時に触角を接触させて巣仲間を認識し，他のコロニーの働きバチがくると追い払う．ミツバチの触角における化学感覚タンパク質のカースト選択的発現は，こうした働きバチの役割を反映するものかも知れない．

参考文献・引用文献

1章

千葉県立中央博物館 監修 (2004)『あっ！ハチがいる！』晶文社.

ハリディ, T. R. & スレイター, P. J. B. 著（浅野俊夫他 訳）(1998)『動物コミュニケーション』西村書店.

石田寿老他 共著 (1972)『現代動物学』裳華房.

石川 統他 編集 (2010)『生物学辞典』東京化学同人.

伊藤嘉昭 (2006)『新版 動物の社会』東海大学出版会.

ジャン・アンリ・ファーブル（山田吉彦・林 達夫 訳）(1993)『ファーブル昆虫記』岩波書店.

桑原万寿太郎 (1989)『動物の本能』岩波書店.

松本忠夫・長谷川寿一 /（財）遺伝学普及会 編 (2003) "動物の社会行動" 生物の科学 遺伝 別冊 No.16 裳華房.

コンラート・ローレンツ（日高敏隆 訳）(1998)『ソロモンの指環』ハヤカワ文庫.

上田恵介他 編集 (2013)『行動生物学辞典』東京化学同人.

エドワード・O・ウィルソン（伊藤嘉昭 日本語訳監修）(1999)『社会生物学』新思索社.

2章

Arnadóttir, J. *et al.* (2011) J. Neurosci., **31**: 12695-12704.

Bargmann, C. I. (2006) *WormBook*, ed. The *C. elegans* Research Community, WormBook, doi/10.1895/wormbook.1.123.1.

de Bono, M., Bargmann, C. I. (1998) Cell, **94**: 679-689.

Chalfie, M. *et al.* (1985) J. Neurosci., **5**: 956-964.

Edwards, S. L. *et al.* (2008) PLOS Biol., **6**: e198.

Gabel, C. V. *et al.* (2007) J. Neurosci., **27**: 7586-7596.

Geffeney, S. L. *et al.* (2011) Neuron, **71**: 845-857.

Goodman, M. B. (2006) *WormBook*, ed. The *C. elegans* Research Community,Wormbook, doi/10.1895/wormbook.1.62.1.

Hobert, O. *et al.* (2002) Nat. Rev. Neurosci., **3**: 629-640.

Jorgensen, E. M., Mango, S. E. (2002) Nat. Rev. Genet., **3**: 356-369.

Kandel, E. (2000) "Principles of Neural Science" 4th Ed., McGraw-Hill Medical.

Kleemann, G. *et al*. (2008) Genetics, **180**: 2111-2122.

Kodama, E. *et al*. (2006) Genes Dev., **20**: 2955-2960.

Kuhara, A. *et al*. (2002) Neuron, **33**: 751-763.

Kuhara, A. *et al*. (2008) Science, **320**: 803-807.

Li, W. *et al*. (2011) Nat. Commun., **2**: 315.

Lin, C. H. *et al*. (2010) J. Neurosci., **30**: 8001-8011.

Liu, J. *et al*. (2010) Nat. Neurosci., **13**: 715-722.

Liu, K. S., Sternberg, P. W. (1995) Neuron, **14**: 79-89.

Lockery, S. R. (2009) Nature, **458**: 1124-1125.

Nishida, Y. *et al*. (2011) EMBO Reports, **12**: 855-862.

Oda, S. *et al*. (2011) J. Neurophysiol., **106**: 301-308.

Roayaie, K. *et al*. (1998) Neuron, **20**: 55-67.

Saeki, S. *et al*. (2001) J. Exp. Biol., **204**: 1757-1764.

Sengupta, P. *et al*. (1996) Cell, **84**: 899-909.

Sugi, T. *et al*. (2011) Nat. Neurosci., **14**: 984-992.

富岡征大 (2011) 比較生理生化学, **28**: 231-239.

Troemel, E. R. *et al*. (1997) Cell, **91**: 161-169.

Tsunozaki, M. *et al*. (2008) Neuron, **59**: 959-971

Ward, A. *et al*. (2008) Nat. Neurosci., **11**: 916-922.

White, J. G. *et al*. (1986) Phil. Trans. R. Soc. Lond. B, **314**: 1-340.

3 章

Abuin, L. *et al*. (2011) Neuron, **69**: 44-60.

Bushey, D., Cirelli, C. (2011) Int. Rev. Neurobiol., **99**: 213-244.

Chen, C. C. *et al*. (2012) Science, **335**: 678-685.

Davis, L. R. (2011) Neuron, **70**: 8-19.

Dubruille, R., Emery, P. (2008) Mol. Neurobiol., **38**: 129-145.

Dudai, Y. *et al*. (1976) Proc. Natl. Acad. Sci. USA, **73**: 1684-1688.

Gallio, M. *et al*. (2011) Cell, **144**: 614-624.

Geddes, L. H. *et al.* (2013) Learn. Mem., **20**: 399-409.
Granzman, D. L. (2011) Proc. Natl. Acad. Sci. USA, **108**: 14711-14712.
Grosjean, Y. *et al.* (2011) Nature, **478**: 236-240.
Hires, A. *et al.* (2008) Brain Cell Biol., **36**: 69-86.
Inagaki, K. H. *et al.* (2010) Nat. Protoc., **5**: 20-25.
Ishimoto, H. *et al.* (2009) Proc. Natl. Acad. Sci. USA, **106**: 6381-6386.
Ishimoto, H. *et al.* (2010) Genetics, **185**: 269-281.
Ishimoto, H., Kitamoto, T. (2011) Fly, **5**: 215-220.
Kamikouchi, A. *et al.* (2009) Nature, **458**: 165-171.
Kamikouchi, A. *et al.* (2010) Nat. Protoc., **5**: 1229-1235.
上川内あづさ 他 (2009) 蛋白質 核酸 酵素 , **54**: 1817-1826.
Kang, K. *et al.* (2012) Nature, **481**: 76-80.
Konopka, R. J., Benzer, S. (1971) Proc. Natl. Acad. Sci. USA, **68**: 2112-2116.
Lai, S.-L. *et al.* (2008) Development, **135**: 2883-2893.
Lehnert, B. P. *et al.* (2013) Neuron, **77**: 115-128.
Lu, Q. *et al.* (2009) Integr. Comp. Biol., **49**: 674-680.
McGaugh, J. L. (2004) Annu. Rev. Neurosci., **27**: 1-28.
Nadrowski, B. *et al.* (2011) Hearing Res., **273**: 7-13.
Nitabach, M. N., Taghert, P. H. (2008) Curr. Biol., **18**: R84-93.
Nitz, D. A. *et al.* (2002) Curr. Biol., **12**: 1934-1940.
Sayeed, O., Benzer, S. (1996) Proc. Natl. Acad. Sci. USA, **93**: 6079-6084.
Shaw, P. J. *et al.* (2000) Science, **287**: 1834-1837.
Stowers, L., Logan, D. W. (2008) Cell, **133**: 1137-1139.
Sun, Y. *et al.* (2009) Proc. Natl. Acad. Sci. USA, **106**: 13606-13611.
Turner, S. L., Ray, A. (2009) Nature, **461**: 277-281.
Yarmolinsky, D. A. *et al.* (2009) Cell, **139**: 234-242.

4 章

Agetsuma, M. *et al.* (2010) Nat. Neurosci., **13**: 1354-1356.
Ahrens, M. B. *et al.* (2012) Nature, **485**: 471-477.
Alivisatos, A. P. *et al.* (2012) Neuron, **74**: 970-974.

参考文献・引用文献

Alivisatos, A. P. *et al.* (2013) Science, **339**: 1284-1285.

Aoki, T. (2013) Neuron, **78**: 881-894.

Asakawa, K. *et al.* (2008) Proc. Natl. Acad. Sci. USA, **105**: 1255-1260.

Brown, C. *et al.* eds. (2006) "Fish Cognition and Behavior" Blackwell Publishing, Oxford.

Clark, K. J. *et al.* (2011) Zebrafish, **8**: 147-149.

Ebbesson, S. O. E. ed. (2013) "Comparative Neurology of the Telencephalon" Springer.

Frisch, K. V. (1941) Zeitschr. vergleich. Physiol., **29**: 46-145.

Fukamachi, S. *et al.* (2009) BMC Biol., **7**: 64.

Fukamachi, S. *et al.* (2001) Nat. Genet., **28**: 381-385.

Granato, M. *et al.* (1996) Development, **123**: 399-413.

Grosenick, L. *et al.* (2007) Nature, **445**: 429-432.

Grunwald, D. J., Eisen, J. S. (2002) Nat. Rev. Genet., **3**: 717-724.

Guo, S. (2004) Genes Brain Behav., **3**: 63-74.

Hirata, H. *et al.* (2005) Proc. Natl. Acad. Sci. USA, **102**: 8345-8350.

Hirata, H. *et al.* (2004) Development, **131**: 5457-5468.

Hussain, A. *et al.* (2013) Proc. Natl. Acad. Sci. USA, **110**: 19579-19584.

Hwang, W. Y. *et al.* (2013) Nat. Biotechnol., **31**: 227-229.

Imada, H. *et al.* (2010) PLoS ONE, **5**: e11248.

Insel, T. R. (2010) Neuron, **65**: 768-779.

伊藤博信（2002）『魚類のニューロサイエンス』植松一眞・岡 良隆・伊藤博信 編，恒星社厚生閣，p. 1-8.

Kamei, Y. *et al.* (2009) Nat. Methods, **6**: 79-81.

Kawakami, K. *et al.* (1998) Gene, **225**: 17-22.

川人光男（1996）『脳の計算理論』産業図書.

Kermen, F. *et al.* (2013) Front. Neural Circuits, **7**: 62.

Kimura, Y. *et al.* (2013) Curr. Biol., **23**: 843-849.

Kimura, Y. *et al.* (2008) Development, **135**: 3001-3005.

Koga, A. *et al.* (1996) Nature, **383**: 30.

Mathuru, A. S. *et al.* (2012) Curr. Biol., **22**: 538-544.

Matsuda, M. *et al.* (2002) Nature, **417**: 559-563.

Miyasaka, N. *et al.* (2009) J. Neurosci., **29**: 4756-4767.

Morris, A. C., Fadool, J. M. (2005) Physiol. Behav., **86**: 306-313.

Mueller, T., Wullimann, M. F. (2009) Brain Behav. Evol., **74**: 30-42.

Mullins, M. C. *et al.* (1994) Curr. Biol., **4**: 189-202.

Muto, A. *et al.* (2005) PLoS Genet., **1**: e66.

Muto, A. *et al.* (2013) Curr. Biol., **23**: 307-311.

Nakayasu, T., Watanabe, E. (2013) Anim. Cogn.

O'Connell, L. A., Hofmann, H. A. (2011) J.Comp. Neurol., **519**: 3599-3639.

Ochiai, T. *et al.* (2013) PloS ONE, **8**: e71685.

岡本 仁（2008）『脳の発生と発達』岡本 仁 編，東京大学出版会，p. 5-38.

Okuyama, T. *et al.* (2013) PloS ONE, **8**: e66597.

Okuyama, T. *et al.* (2014) Science, **343**: 91-94.

Portugues, R., Engert, F. (2011) Front. Syst. Neurosci., **5**: 72.

Streisinger, G. *et al.* (1981) Nature, **291**: 293-296.

Watanabe, T. *et al.* (2014) J. Neurophysiol., **111**: 1153-1164.

5章

Ahrens, M. B. *et al.* (2012) Nature, **485**: 471-477.

Boyden, E. S. *et al.* (2005) Nat. Neurosci., **8**: 1263-1268.

Buchen, L. (2010) Nature, **465**: 26-28.

Chaudhury, D. *et al.* (2013) Nature, **493**: 532-536.

Chung, K., Deisseroth, K. (2013) Nature Methods, **10**: 508-513.

Chung, K. *et al.* (2013) Nature, **497**: 332-337.

Ciocchi, S. *et al.* (2010) Nature, **468**: 277-282.

Dantzer, R. *et al.* (2008) Nat. Rev. Neurosci., **9**: 46-56.

Ferrero, D. M. *et al.* (2013) Nature, **502**: 368-371.

Gerits, A., Vanduffel, W. (2013) Trends Genet., **29**: 403-411.

Haga, S. *et al.* (2010) Nature, **466**: 118-122.

Haubensak, W. *et al.* (2010) Nature, **468**: 270-276.

Johansen, J. P. *et al.* (2010) Proc. Natl. Acad. Sci. USA, **107**: 12692-12697.

神取秀樹他 共著 (2013)『オプトジェネティクス』エヌ・ティー・エス.
Kawakami, R. *et al.* (2013) Sci. Rep., **3**: 1014.
Kimchi, T. *et al.* (2007) Nature, **448**: 1009-1014.
Lee, H. *et al.* (2014) Nature, **509**: 627-632.
Lin, D. *et al.* (2011) Nature, **470**: 221-226.
Liu, X. *et al.* (2012) Nature, **484**: 381-385.
Luo, L. *et al.* (2008) Neuron, **57**: 634-660.
松崎政紀 (2012) 化学と生物, **50**: 406-413.
Muto, A. *et al.* (2013) Curr. Biol., **23**: 307-311.
Ramirez, S. *et al.* (2013) Science, **341**: 387-391.
Tye, K. M., Deisseroth, K. (2012) Nat. Rev. Neurosci., **13**: 251-266.
Tye, K. M. *et al.* (2011) Nature, **471**: 358-362.
Urban, A. *et al.* (2012) Front. Pharmacol., **3**: 105.
Xu, W., Südhof, T. C. (2013) Science, **339**: 1290-1295.
Xu, X. *et al.* (2012) Cell, **148**: 596-607.
Yang, C. F. *et al.* (2013) Cell, **153**: 896-909.
Yizhar, O. *et al.* (2011a) Neuron, **71**: 9-34.
Yizhar, O. *et al.* (2011b) Nature, **477**: 171-178.
Ziv, Y. *et al.* (2013) Nat. Neurosci., **16**: 264-266.

6 章

Ando, T. *et al.* (2007) Biochem. Biophys. Res. Commun., **352**: 335-340.
Baulieu, E. E. (1981) "Steroid hormone regulation in the brain" Fuxe, K. *et al.* eds., Pergamon Press, Oxford, p.3-14.
Ben-Shahar, Y. *et al.* (2002) Science, **296**: 742-744.
Brockmann, A., Robinson, G. E. (2007) Brain Behav. Evol., **70**: 125-136.
Eisenhardt, D. *et al.* (2001) Insect Mol. Biol., **10**: 173-183.
Erber, J. *et al.* (1980) Physiol. Entomol., **5**: 343-358.
Esch, H. E. *et al.* (2001) **411**: 581-583.
Fahrbach, S. E. (2006) Ann. Rev. Entomol., **51**: 209-232.
Farris, S. M. *et al.* (2001) J. Neurosci., **21**: 6395-6404.

Farris, S. M., Schulmeister, S. (2011) Proc. Biol. Sci., **278**: 940-951.
Feyereisen, R. (1999) Annu. Rev. Entomol., **44**: 507-533.
Frisch, K. von *et al.* (1967) Science, **158**: 1072-1077.
Frisch, K. von（内田 亨 訳）（1970）『ミツバチの不思議』法政大学出版局.
Frisch, K. von（伊藤智夫 訳）（1978）『ミツバチを追って』法政大学出版局.
Frisch, K. von（桑原万寿太郎 訳）（1997）『ミツバチの生活から』（第10版）ちくま学芸文庫.
Fujita, N. *et al.* (2013) Curr. Biol., **23**: 2063-2070.
Ganeshina, O. *et al.* (2000) J. Comp. Neurol., **417**: 349-365.
Gilbert, S. F. (2013) "Developmental Biology" 10th Ed., Sinauer Associates, Inc., Sunderland, Massachusetts.
Hammer, M., Menzel, R. (1998) Learn. Mem., **5**: 146-156.
Hartfelder, K. *et al.* (2002) Insect Biochem. Mol. Biol., **32**: 211-216.
Hayashi, Y. *et al.* (2009) Nat. Neurosci., **12**: 981-987.
Honeybee genome sequencing consortium (2006) Nature, **443**: 931-949.
Hori, S. *et al.* (2010) Apidologie, **42**: 89-102.
Jarvis, E. D. *et al.* (1998) Neuron, **21**: 775-788.
Kage, E. *et al.* (2005) Curr. Biol., **15**: 1554-1559.
Kamikouchi, A. *et al.* (1998) Biochem. Biophys. Res. Commun., **242**: 181-186.
Kamikouchi, A. *et al.* (2000) J. Comp. Neurol., **417**: 501-510.
Kamikouchi, A. *et al.* (2004) Zool. Sci., **21**: 53-62.
Kandel, E. R. *et al.* (1995) "Essentials of Neural Science and Behavior" Kandel, E. R. *et al.* eds., Appleton & Lange, p.633-650.
Kaneko, K. *et al.* (2010) PLoS ONE, **5**: e9213.
Kaneko, K. *et al.* (2013) PLoS ONE, **8**: e71732.
Kiya, T. *et al.* (2007) PLoS ONE, **2**: e371.
Kiya, T. *et al.* (2008) Insect Mol. Biol., **17**: 53-60.
Kiya, T. et al. (2011) PLoS ONE, **6**: e19301.
Kiya, T. *et al.* (2012) Int. J. Mol. Sci., **13**: 15496-15509.
Kobayashi, M. *et al.* (2006) Proc. Natl. Acad. Sci. USA, **103**:14417-14422.
久保健雄 他（1996）化学と生物, **34**: 793-798.

久保健雄 他（2000）蛋白質 核酸 酵素 , **45**:1229-1236.

久保健雄（2003）生物の科学 遺伝 , 別冊 No. 16 : 34-42.

Kubo, T. (2003) "Genes, Behaviors and Evolution of Social Insects" Kikuchi, T. *et al.* eds., Hokkaido University Press, p.3-20.

久保健雄（2007）『行動とコミュニケーション』岡 良隆・蟻川謙太郎 共編，培風館，p.8-36.

Kubo, T. (2012) "Honeybee Neurobiology and Behavior" Galizia, C. G. *et al.* eds., Springer, New York, p.341-358.

Kucharski, R., Maleszka, R. (1998) Naturwissenshaften, **85**: 343-346.

Kucharski, R., Maleszka, R. (2002) Mol. Brain Res., **99**: 92-101.

Kunieda, T., Kubo, T. (2004) Biochem. Biophys. Res. Commun., **318**: 25-31.

Lee, C. Y. *et al.* (2000) Mol. Cell, **6**: 433-443.

Lisman, J. *et al.* (2002) Nat. Rev. Neurosci., **3**: 175-190.

Lutz, C. C., Robinson, G. E. (2013) J. Exp. Biol., **216**: 2031-2038.

松本忠夫（1993）『社会性昆虫の進化生態学』松本忠夫・東 正剛 共編，海游舎，p.1-14.

Mello, C. V., Clayton, D. F. (1995) J. Neurobiol., **26**: 145-161.

Mello, C. V. (2002) J. Comp. Physiol. A, **188**: 943-959.

Mellon, S. H. *et al.* (2001) Brain Res. Brain Res. Rev., **37**: 3-12.

Menzel, R., Giulfa, M. (2001) Trends Cogn. Sci., **5**: 62-71.

Menzel, R. *et al.* (2006) Cell, **124**: 237-239.

Mobbs, P. G. (1982) Phil. Trans. R. Soc. London B, **298**: 309-354.

Mobbs, P. G. (1985) "Comprehensive Insect Physiology, Biochemistry and Pharmacology" Kerkut, G. A., Gilbert L. I. eds., Pergamon, Oxford, p.299-370.

Ono, M. *et al.* (1995) Nature, **377**: 334-336.

Ozaki, M. *et al.* (2005) Science, **309**: 311-314.

Park, J.-M. *et al.* (2002) Bichem. Biophys. Res. Commun., **291**: 23-28.

Park, J.-M. *et al.* (2003) J. Biol. Chem., **278**: 18689-18694.

Paul, R. K. *et al.* (2005) Insect Mol. Biol., **14**: 9-15.

Paul, R. K. *et al.* (2006) Zool. Sci., **23**: 1085-1092.

Rabi, W. A. (1975) Adv. Anat. Embryol. Cell Biol., **50**: 1-43.

Rabi, W. A. (1976) Cell Tissue Res., **171**: 359-373.

Rabi, W. A. (1981) Cell Tissue Res., **215**: 443-464.

Rachinsky, A. *et al.* (1990) Gen. Comp. Endocrinol., **79**: 31-38.

Robinson, G. E. (1985) J. Insect Physiol., **31**: 277-282.

Robinson, G. E. *et al.* (1989) Science, **246**: 109-112.

Robinson, G. E. *et al.* (1997) BioEssays, **19**: 1099-1108.

Rybak, J., Menzel, R. (1998) Learn. Mem., **5**: 133-145.

酒井哲夫 編著（1992）『ミツバチのはなし』技報堂出版.

坂上昭一（1983）『ミツバチの世界』岩波新書.

Sarma, M. S. *et al.* (2007) BMC Genomics, **8**: 202.

Sasagawa, H. *et al.* (1989) Appl. Entomol. Zool., **24**: 66-77.

Sawata, M. *et al.* (2002) RNA, **8**: 772-785.

Sawata, M. *et al.* (2004) RNA, **10**: 1047-1058.

Seeley, T. D. (1995) "The Wisdom of the Hive" Harvard University Press, Cambridge.

Silva, A. J. *et al.* (1992a) Science, **257**: 201-206.

Silva, A. J. *et al.* (1992b) Science, **257**: 206-211.

Srinivasan, M. V. *et al.* (2000) Nature, **287**: 851-853.

Strausfeld, N. J. (2002) J. Comp. Neurol., **450**: 4-33.

Strausfeld, N. J. *et al.* (2002) Lean. Mem., **5**: 11-37.

Sullivan, J. P. *et al.* (1999) Hormones Behavior, **37**: 1-14.

Tadano, H. *et al.* (2009) Insect Mol. Biol., **18**: 715-726.

Takeuchi, H. *et al.* (2001) Insect Mol. Boil., **10**: 487-494.

Takeuchi, H. *et al.* (2002) FEBS Lett., **513**: 230-234.

Takeuchi, H. *et al.* (2003) Insect Mol. Biol., **12**: 291-298.

Takeuchi, H. *et al.* (2004) Cell Tissue Res., **316**: 281-293.

Takeuchi, H. *et al.* (2007) Zool. Sci., **24**: 596-603.

Tautz, J.（丸野内 棣 訳）（2010）『ミツバチの世界』丸善.

Toma, D. P. *et al.* (2000) Proc. Natl. Acad. Sci. USA, **97**: 6914-6919.

Ugajin, A. *et al.* (2012) PLoS ONE, **7**: e32902.

Ugajin, A. *et al.* (2013) FEBS Lett., **587**: 3224-3230.

Uno, Y. *et al.* (2007) FEBS Lett., **581**: 97-101.

Uno, Y. *et al.* (2012) Insect Mol. Biol., **22**: 52-61.

Velarde, R. A. *et al.* (2006) Insect Mol. Biol., **14**: 9-15.

Weaver, D. B. *et al.* (2007) Genome Biol., **8**: R97.

Whitfield, C. W. *et al.* (2003) Science, **302**: 296-299.

Winston, M. L. (1986) "The Biology of the Honeybee" Harvard University Press, Cambridge.

Withers, G. S. *et al.* (1995) J. Neurobiol., **26**: 130-144.

Yamazaki, Y. *et al.* (2006) FEBS Lett., **580**: 2667-2670.

Yamazaki, Y. *et al.* (2011) Insect Biochem. Mol. Biol., **41**: 283-293.

Yoshiyama, T. *et al.* (2006) Development, **133**: 2565-2574.

Zayed, A., Robinson, G. E. (2012) Ann. Rev. Genetics, **46**: 591-615.

索　引

数字

8の字ダンス 3, 132
11-シス-バクセン酸アセテート 52
20E 143
20-ヒドロキシエクダイソン 143

A・B

AAV 93
AncR-1 155
Apis cerana 130, 153
Apis mellifera L. 130
Apis noncoding RNA-1 155
ASH 神経 20
BR 99

C

Ca^{2+}/カルモジュリン依存性プロテインキナーゼⅡ 138
Caenorhabditis elegans 6
CaMK Ⅱ 138
cAMP 49
cAMP 依存性プロテインキナーゼ 49
cAMP ホスホジエステラーゼ 48
cGMP 16, 21
cGMP 依存性プロテインキナーゼ 157
cGMP 情報伝達 24
ChR 99

CLARITY 125
classical TRP 43
CLK/CYC 複合体 53
CLOCK 53
CREB 23, 28, 48, 64
CRH-1 24
CRISPR/Cas9 法 69
cryptochrome 55
cVA 52
CYCLE 53
CYP302A1 146
CYP306A1 146
CYP314A1 146

D

DAL 神経 50
Danio rerio 65
DEG-1 21
DEG/ENaC 20
DEG/ENaC チャネル 20
DIN-1 27
DN1 56
DOUBLETIME 53
Drosophila melanogaster 31
dunce 35, 48

E

EcR 140
Egr-1 151
E/I バランス仮説 118
EMS 35
ENU 67
ESP1 129
ESP22 129

Esr1 128

F

foraging 遺伝子 157
FRET 効率 60
fruitless 35
Fruitless 50
Fru^M 50
fumin 57
Futsch 147

G

GABA 47
gain of function 97
GAL4/UAS システム 71
GAL4/UAS 法 33
GCaMP 58, 124
GECI 58
GFP 15
Giant fiber 46
GnRH3 ホルモン 90
GPCR 9, 40
Gr タンパク質 41
Gustatory receptor 40
G タンパク質 23, 49
G タンパク質共役受容体 9, 13, 40, 148

H

Hebb 型のシナプス 115
HR 99
HR38 141
HSF-1 24
Hyperkinetic 57

I

Inactive 43
in situ ハイブリダイゼーション法 150
IP$_3$R 138
IP$_3$ フォスファターゼ 138
IPN アミド 56
Ir 41
Ir84a 52
IR-LEGO 73

J

JHDK 146
JH 不活化酵素 146

K

kakusei 150
Kenyon cell/small-type preferential gene-1 155
Ks-1 155

L

loss of function 97
LUSH 52
Ly-6/neurotoxin スーパーファミリー 57

M

MAP キナーゼ 28
Mblk-1 140
mesk2 148
minisleep 56
miRNA 156
mKast 148
mPFC 111, 121
MTY アミド 56

N

NAc 121
Nan 46
Nanchung 43
Nb-1 156
neverland 144
NMDA 受容体 47
No mechanoreceptor potential C 43
Non-molting glossy/shroud 144
NPR-1 26
NR 111
Nurse bee-preferential gene-1 156
N-エチル-N-ニトロソウレア 67

O

OCR-2 21
Odorant receptor 40
ODR-10 受容体 14
OKR 76
OMR 76
optic flow 160
optogenetics 93, 101
Oryzias latipes 66
OSM-9 21

P

P1 神経 52
PAG 116
Painless 44
Pars Intercerebralis 56
PDF 受容体 56
period 遺伝子 35, 53, 157

PER/TIM 複合体 53
PI3 キナーゼ 18
Pigment-dispersing factor 55
PKA 49
PKC 138
PKC δ 116
PKG 157
PTSD 110
Pyrexia 44
P 因子 33

R

RNA interference 7
rutabaga 47

S

Sca/e 試薬 125
SFO 106
Shaker 57
Sh カリウムチャネル 57
sleepless 57
SSFO 106

T

TALEN 法 68
Tau 147
TAX-4/TAX-2 チャネル 22
timeless 53
TMS 102
Tol2 71
Transient receptor potential 42
Trp 146
TRP 20
TRPA1 チャネル 45
Trpc2 変異体 128

TRPV チャネル 16
TRP Vanilloid 43
TRP チャネル 20, 42

U・V

USP 141
V2a 神経細胞 75
VTA 121

W・X

water witch 45
white 遺伝子 32
X 線 32

あ

アイソフォーム 45
アコーディオン変異体 74
亜社会性 134, 159
アデノ随伴ウイルス 93
甘み 42
アメフラシ 28
アラタ体 143
アリ 161
ある機能に特化した神経細胞群 75
アレスチン 148
アンフィド 8, 21

い

イオンチャネル 16
イオンチャネル型受容体 40, 52
育児 131
異常染色体系統 32
異性の好み 72
一次神経 86
一過性刺激 113

遺伝学 6, 31
遺伝子改変技術 159
遺伝子突然変異 32
遺伝子発現プロフィル 141
遺伝子マーカー 84
イノシトール 3 リン酸受容体 138
イメージング 58
インスリン受容体 18
インスリン様情報伝達 18
インスリン様ペプチド 18

う

ウルトラスピラクル 141
運動神経 11

え

鋭敏化 28
エクダイステロイド 143
エクダイソン 61
エクダイソン受容体 140
エクダイソン制御系 140
エクダイソン制御系遺伝子 144
エストロゲン 24
エストロゲン受容体 1 128
エチルメタンスルホン酸 35
襟部 135
エレクトロポレーション法 160
塩走性学習 17
円ダンス 132
鉛直軸 132

お

大型ケニヨン細胞 135

オオスズメバチ 153
オープンフィールドテスト 117
オクトパミン 156
音刺激 81
オプトジェネティクス 4, 71, 93
温度走性 21, 37
温度走性学習 19

か

カースト 130
カール・フォン・フリッシュ 2, 132
介在神経 11
概日リズム 35, 53, 158
外転 83
海馬 84, 108
化学感覚神経 8
化学感覚タンパク質 162
化学シナプス 7, 39
化学受容 40
化学順応 16
化学走性 13
化学走性促進学習 19
学習 35
覚醒 150
核内受容体 DAF-12 27
過誤記憶 110
傘（カップ）型 135
過剰な神経突起の剪定 141
可塑性 11
カダベリン 86
カメレオン 58
カルシウムイメージング（法）10, 23, 79
カルシウム感受性アデニル

索 引

酸シクラーゼ 46, 48
カルシウム指示タンパク質 58
感覚器 8
感覚子 38
感覚神経 11
環状ヌクレオチド依存性チャネル 22

き
キイロショウジョウバエ 31
記憶 35
記憶痕跡 108
記憶の固定 28
記憶の般化 110
機械感覚神経 8, 20
記号的コミュニケーション 133
基底環 135
機能喪失 97
キノコ体 40, 49, 133
忌避行動 11, 13
ギャップ結合 7, 26
嗅覚受容細胞 86
嗅覚受容体 86
嗅覚馴化 46
嗅覚情報処理 135
嗅覚中枢 134
共焦点顕微鏡 124
強制発現 97
魚類社会脳 90
金魚 90

く
グアニル酸シクラーゼ 21
空間記憶 150

クラスⅡケニヨン細胞 154
クラリティ 125
クリューヴァー・ビューシー症候群 113
グルタミン酸 55

け
経験依存的な求愛抑制 62
蛍光カルシウム指示タンパク質 71
蛍光タンパク質 58
計算論的神経科学 81
形質転換 33
経頭蓋磁気刺激法 102
警報フェロモン 87
結合核 111
ケニヨン細胞 49, 135
ゲノム編集法 68
原因遺伝子 13
嫌悪強化学習行動実験系 84
弦音器官 38

こ
光学的流動量 133, 160
高架式十字迷路テスト 117
後期長期記憶 48
後生動物 7
後天的行動 1
行動進化学 2
行動生態学 2
行動発生学 2
行動変異体 13
興奮性シナプス電位 28
小型魚類 4
小型ケニヨン細胞 135
五感 37

個体識別 73
個体認知 88
個体認知能力 88
コマンド介在神経 11
コミュニケーション能力 131
孤立株 25
コロニー 130
コンラート・ローレンツ 2

さ
採餌 131
採餌飛行 133
細胞学的遺伝子地図 33
細胞系譜 6
細胞内情報伝達経路 16
酸味 42
三量体Gタンパク質αサブユニット 21

し
ジアシルグリセロールキナーゼ 19
視運動性反応 76
塩味 42
視覚情報処理 135
視覚中枢 133, 147
シクリッド 90
視索前野性的二型核 127
死臭 86
持続性刺激 113
湿度 45
失恋記憶 62
失恋記憶行動 62
シトクロム P450 27, 144
シナプス増強 28
社会行動ネットワーク 90

177

社会性株 25
社会性昆虫 4
社会的学習 73, 88, 89
社会脳 88
終神経GnRH3ニューロン 89
集団 130
雌雄同体 7
習得的行動 1, 127
受容体様グアニル酸シクラーゼ 19
順遺伝学 25
馴化 46
循環置換 60
視葉 40, 133
小顎髭 37
ショウジョウバエ 4
情動記憶 61, 64
初期応答遺伝子 150
食道下神経節 134
触角 37
触角機械感覚野 40
触角葉 40, 134
鋤鼻器 128
ジョンストン器官 38
ジョンストン神経 38
尻振りダンス 3, 132
侵害刺激 20, 45
神経回路研究 7
神経活動 150
神経活動マッピング 152
神経筋接合部 7
神経行動学 2
神経興奮 150
神経ペプチド 55
真社会性 159
心的外傷後ストレス障害 110
唇部 135
振動増幅機構 21
唇弁 37

す
水管 28
錐体ニューロン 114
すくみ行動 110
ステロイドホルモン 61
ストレスホルモン 61

せ
性決定 50
性決定システム 70
性行動 127
生存 1
性的二型 127
生得的行動 1, 127
生得的解発機構 2
正の走性 11
セイヨウミツバチ 130
赤外線 56
接触刺激 19
ゼブラフィッシュ 65
セリン・スレオニンキナーゼ 50
前胸腺 143
染色体説 31
全神経回路網 6
線虫 4, 6
全脳活動地図 78
全脳網羅的スクリーニング法 125
前腹側脳室周囲核 127

そ
走光性 35
走性 11
走性行動 35
創発 81
創発的な特性 81
側坐核 121
ソロモンの指環 2

た
体色 70
大脳皮質 137
体表炭化水素 161
太陽コンパス 132
唾液腺 33
タキキニン関連ペプチド 146
多樹状突起神経 38
手綱核 87
脱皮ホルモン 61
短期記憶 48
ダンス言語 133
ダンス言語野 153
単独性 159

ち
チャネルロドプシン 99
中間型ケニヨン細胞 137
中期記憶 48
昼行性 56
中心複合体 40
中脳水道周囲灰白質 116
チューブリン関連タンパク質 147
長期記憶 48
超個体 132

索引

つ・て

追従行動 72
ディファレンシャル・ディスプレイ法 138
ティンバーゲンの4つのなぞ 2
手がかり恐怖条件付け 115
適応的な行動を生み出す機能的なシステム 81
電位依存性カリウムチャネル 57
電気応答 21
電気シナプス 39
電気走性 25
転写調節因子 23

と

逃避行動 20, 81
動物行動 1
ドーパミン・トランスポーター 57
時計神経 55
突然変異体系統 32
トランスダクション 21
トランスポゾン 71
トランスポゾン Tol2 70

な

内側前頭前野 111, 118, 121
慣れ 28, 46

に

匂い分子結合タンパク質 52
苦み 42
二光子励起顕微鏡 124

ニコラース・ティンバーゲン 2
二酸化炭素受容体 53
ニホンミツバチ 130, 153
ニホンメダカ 66
ニューロステロイド 146
ニューロパイル 39
ニューロペプチド F 55
ニューロペプチド Y 26
ニューロペプチド前駆体様タンパク質1 55

ね・の

熱殺蜂球形成 153
脳機能局在論 137
脳の透明化 125

は

バイオリソースプロジェクト 70
バイオロジカルモーション 73
配偶行動 27, 71
配偶者選択 89
バキュロウイルス 160
バクテリオロドプシン 99
バソトシン 90
発生系譜 84
発生的起源 75
バランサー染色体 33
ハロロドプシン 99
反射行動 28
反重力走性 35
繁殖 1

ひ

光遺伝学 4, 93, 101

光エネルギー遷移 58
飛行距離 160
微小内視鏡 126
非翻訳性 RNA 155
表層グリア 39

ふ

ファスミド 8
フィードバックループモデル 50
複眼 37
腹側被蓋野 121
ふ節 37
負の走光性 24
負の走性 11
プロゲステロン受容体 128
プロテインキナーゼ C 19, 116, 138
分子遺伝学 39, 58
文脈的恐怖条件付け 108

へ

閉ループ制御 78
ペースメーカー 55
ヘテロ複合体 43
変異原 13
偏光 132
ベンゾジアゼピン 117
扁桃体 113

ほ

ホスホリパーゼ C 43
ホメオティック変異 33
ホメオボックス 33
本能行動 1

179

ま
マイクロアレイ 24
マウス 4
マウスナー細胞 82

み
味覚受容体 25
ミツバチ 4
ミツバチ紫 3

む・め
群れ行動 72, 88
メカノトランスダクション
　チャネル 21

メダカ 90

も
モード転換 141
モデル社会性動物 131
モデル生物 65, 130
門番 131

ゆ
誘引行動 11, 13
遊泳運動 75
遊泳の視運動反応 76

よ・ら
幼若ホルモン 143

ラベルドライン 42

り
リアノジン受容体 138
領野選択的 137

れ
レイ感覚神経 27
レティキュロカルビン 138
連合学習 19, 48

ろ
ローヤルゼリー 131
ロドプシン 43, 55

著者略歴

久保健雄（くぼたけお）　1960年 愛媛県出身．1983年 東京大学薬学部卒業，1985年 東京大学大学院薬学系研究科修士課程修了．博士（薬学）．2001年より東京大学大学院理学系研究科教授．

奥山輝大（おくやまてるひろ）　1983年 東京都出身．2006年 東京大学理学部卒業，2011年 東京大学大学院理学系研究科博士課程修了．博士（理学）．2013年よりマサチューセッツ工科大学にて日本学術振興会特別研究員SPD．

上川内あづさ（かみこうち）　1975年 東京都出身．1998年 東京大学薬学部卒業，2003年 東京大学大学院薬学系研究科博士課程修了．博士（薬学）．2011年より名古屋大学大学院理学研究科教授．

竹内秀明（たけうちひであき）　1971年 石川県出身．1994年 東京大学薬学部卒業，1999年 東京大学大学院薬学系研究科博士課程修了．博士（薬学）．2007年より東京大学大学院理学系研究科助教．

新・生命科学シリーズ　動物行動の分子生物学

2014年7月20日　第1版1刷発行

検印省略

定価はカバーに表示してあります．

著作者　久保健雄
　　　　奥山輝大
　　　　上川内あづさ
　　　　竹内秀明

発行者　吉野和浩

発行所　東京都千代田区四番町8-1
　　　　電話　03-3262-9166（代）
　　　　郵便番号 102-0081
　　　　株式会社　裳華房

印刷所　株式会社　真興社
製本所　牧製本印刷株式会社

社団法人
自然科学書協会会員

JCOPY 〈(社)出版者著作権管理機構 委託出版物〉
本書の無断複写は著作権法上での例外を除き禁じられています．複写される場合は，そのつど事前に，(社)出版者著作権管理機構（電話03-3513-6969，FAX 03-3513-6979，e-mail: info@jcopy.or.jp）の許諾を得てください．

ISBN 978-4-7853-5858-7

© 久保健雄，奥山輝大，上川内あづさ，竹内秀明，2014　Printed in Japan

☆ 新・生命科学シリーズ ☆

動物の系統分類と進化	藤田敏彦 著	本体 2500 円+税
植物の系統と進化	伊藤元己 著	本体 2400 円+税
動物の発生と分化	浅島 誠・駒崎伸二 共著	本体 2300 円+税
発生遺伝学 －ショウジョウバエ・ゼブラフィッシュ－	村上柳太郎・弥益 恭 共著	近刊
動物の形態 －進化と発生－	八杉貞雄 著	本体 2200 円+税
植物の成長	西谷和彦 著	本体 2500 円+税
動物の性	守 隆夫 著	本体 2100 円+税
脳 －分子・遺伝子・生理－	石浦章一・笹川 昇・二井勇人 共著	本体 2000 円+税
動物行動の分子生物学	久保健雄 他共著	本体 2400 円+税
植物の生態 －生理機能を中心に－	寺島一郎 著	本体 2800 円+税
遺伝子操作の基本原理	赤坂甲治・大山義彦 共著	本体 2600 円+税

(以下続刊；近刊のタイトルは変更する場合があります)

エントロピーから読み解く 生物学	佐藤直樹 著	本体 2700 円+税
図解 分子細胞生物学	浅島 誠・駒崎伸二 共著	本体 5200 円+税
微生物学 －地球と健康を守る－	坂本順司 著	本体 2500 円+税
新 バイオの扉 －未来を拓く生物工学の世界－	高木正道 監修	本体 2600 円+税
分子遺伝学入門 －微生物を中心にして－	東江昭夫 著	本体 2600 円+税
しくみからわかる 生命工学	田村隆明 著	本体 3100 円+税
遺伝子と性行動 －性差の生物学－	山元大輔 著	本体 2400 円+税
行動遺伝学入門 －動物とヒトの"こころ"の科学－	小出 剛・山元大輔 編著	本体 2800 円+税
初歩からの 集団遺伝学	安田徳一 著	本体 3200 円+税
イラスト 基礎からわかる 生化学 －構造・酵素・代謝－	坂本順司 著	本体 3200 円+税
しくみと原理で解き明かす 植物生理学	佐藤直樹 著	本体 2700 円+税
クロロフィル －構造・反応・機能－	三室 守 編集	本体 4000 円+税
カロテノイド －その多様性と生理活性－	高市真一 編集	本体 4000 円+税
外来生物 －生物多様性と人間社会への影響－	西川 潮・宮下 直 編著	本体 3200 円+税

裳華房ホームページ http://www.shokabo.co.jp/ 2014年7月現在